I

ELEKTROPHORESE & IMMUNFIXATION VON PROTEINEN

Die Interpretation von Versuchsergebnissen mit zahlreichen Trennbeispielen

I

& ELEKTROPHORESE IMMUNFIXATION VON PROTEINEN

Die Interpretation von Versuchsergebnissen mit zahlreichen Trennbeispielen

Didier Le Carrer
Assistent
in der Abteilung für Biochemie
der Universitätsklinik Nantes

Vurwort von Professor ROUSSELET
Direktor der Abtellung für Biochemie
des Lariboisière - Hospitals, Paris

LABORATOIRES sebia

ISBN 2 - 84123 - 000 - 7

23, rue Maximilien - Robespierre
92130 ISSY-LES-MOULINEAUX - FRANCE

VORWORT

Abgesehen von Wasser besteht Serum zum größten Teil aus Proteinen. Daher ist es nicht weiter erstaunlich, daß Proteine zu den ersten Bestandteilen gehörten, die quantitativ bestimmt wurden.
In seinem "Traité pratique et élémentaire de chimie médicale" (Abhandlung über praktische und elementare medizinische Chemie), im Jahre 1878 veröffentlicht, schlug Mehu, ein Chemiker des Necker-Hospitals, eine Methode zur Mengenbestimmung des von ihm so bezeichneten "Albumins" bzw. "Albuminoids" vor.
Durch die Verwendung neutraler Salze (Ammonium- bzw. Natriumsulfat) wurde es später möglich, Albumin und die Globuline getrennt voneinander zu bestimmen. Dieses Verfahren blieb bis etwa 1950 ausgesprochen populär, obwohl Tiselius bereits im Jahre 1930 zeigen konnte, daß sich diese Proteine im elektrischen Feld in vier Fraktionen von Albumin und Globulinen auftrennen lassen.
Die Methode der Elektrophorese, die ursprünglich von Tiselius entwickelt wurde, erforderte nicht nur die Verwendung eines flüssigen Mediums, sondern auch eine aufwendige und teure Apparatur, die für die alltägliche Praxis nicht geeignet war. Daher wurde das Verfahren erst zwischen 1950 und 1960 als Standardmethode in biochemische Laboratorien eingeführt, als die Papierelektrophorese entwickelt wurde. Aufgrund der steigenden Anzahl von Tests, die durchgeführt werden mußten, konnte bald in vielen Fällen zwischen dem elektrophoretischen Muster und den dazugehörigen Krankheitsbildern ein Zusammenhang abgeleitet werden. Durch die Einführung verbesserter Trägermedien, wie z.B. Agargel oder Agarose, ließ sich diese Methode für den Klinischen Chemiker noch anwendungsfreundlicher gestalten.
Ein bedeutender Fortschritt wurde durch die Immunelektrophoresemethode von Grabar, Williams und Burtin sowie durch die Entwicklung der Immunfixation erzielt, denn dadurch wurde es möglich, jedes Proteinmolekül zu identifizieren, sobald ein spezifischer Antikörper zur Verfügung stand.
Es ist natürlich eine wichtige Voraussetzung für das Verständnis von Ergebnissen, daß typische Fälle in aussagekräftigen Abbildungen dokumentiert werden. Dennoch ist die fachkundige Interpretation durch einen Klinischen Chemiker unerläßlich, um seine Kollegen aus der Klinik mit einer fallbezogenen Interpretation zu unterstützen.
Daher sollte dieser Leitfaden, der von SEBIA nach 25 Jahren Erfahrung in der Unterstützung von Biologen mit Reagenzien und Geräten erster Qualität herausgegeben wird, allen Praktikern willkommen sein.
Dieses Buch, das der Arbeit von M. Le Carrer viel verdankt, ist trotz der anspruchsvollen Materie eine sehr gut lesbare Zusammenfassung der Fakten, die Klinische Chemiker beachten sollten, und der Konsequenzen, die sie daraus ziehen sollten.
Es ist eine große Freude für mich "alten" Biologen, der als einer der ersten (im Jahre 1960) die Methode der Elekrophorese in ein klinisches Labor eingeführt hat, diesen Leitfaden empfehlen zu dürfen.

Professor F. Rousselet
Direktor der Abteilung für Biochemie des Lariboisière-Hospitals, Paris

DANKSAGUNGEN

Für viele Vorschläge und auch technische Beiträge zu diesem Interpretations-Leitfaden möchte der Autor folgenden Personen herzlich danken:

Guy Barouh **Geneviève Hennache** **Professor Yves Madec**	Laboratoires Sebia Issy-les-Moulineaux - France A-Biochemistry Department Nantes - France
Dr. N. M. Papadopoulos	Clinical chemistry service Clinical center national institutes of health Bethesda - Maryland - USA
Dr. J. Bartel	Arzt für Laboratoriumsmedizin Heidelberg - Deutschland
Dr. H.-F. Lassak	Übersetzung und Gestaltung von biomedizinischen Texten Grevenbroich-Neukirchen - Deutschland

INHALT

Kapitel 1
ZONENELEKTROPHORESE

I. EINFÜHRUNG

Die Technik der Zonenelektropherese ist bereits seit 1930 bekannt. Sie wurde von Tiselius perfektioniert und ist daher auch als "Tiselius-System" bekannt. Zur Durchführung muß ein beträchtlicher Aufwand betrieben werden. Ursprünglich basierte die Methode auf einem flüssigen Trägermedium, aber bei der Weiterentwicklung (Zonenelektrophorese) wurden schließlich feste Trägermedien eingesetzt: zur Stabilisierung der Puffer benutzte man Filterpapier oder Zelluloseacetat-Membranen. Aufgrund der angelegten elektrischen Spannung wandern die Proteine von der Auftragstelle in Zonen, die direkt von der individuellen Mobilität der Proteine und ihrer elektrischen Ladung abhängen. Auch heute noch ist Zelluloseacetat-Folie ein beliebtes Trägermedium in der Klinischen Chemie.

In der Mitte der 80er Jahre wurde die Qualität der Zonenelektrophorese durch die stufenweise Einführung von Agar und Agarosegelen deutlich verbessert. In diesen Trägermedien nähert sich der Pufferanteil dem Prozentsatz von 100%, wie bei der ursprünglichen Tiselius-Methode. Der Vorteil der Agarose besteht vor allem in Transparenz des Gels, durch die es möglich wird, sehr schwache Banden nachzuweisen, wie z.B. frühe monoklonale Banden. Für die effiziente quantitative Proteinbestimmung durch Densitometrie ist die Transparenz unerläßlich.

Die meisten der zur Zeit angewendeten Techniken arbeiten mit Gelen, deren Agarose-Konzentration bei 0,5% oder 1% liegt, was dem Idealfall eines Flüssig-Elektrophoresesysstems sehr nahe kommt. Aufgrund der niedrigen Agarosekonzentration bildet sich ein großporiges Gel, das die freie Wanderung der Moleküle bei einer minimalen Bandenverzerrung gewährleistet, speziell auch für hochmolekulare Proteine und Lipid-Moleküle.

Es sind auch andere Methoden im Gebrauch, bei denen hochauflösende Gele eingesetzt werden, wie z.B. Polyacrylamid-Gele. In diesen Gelen werden die Moleküle nicht nur nach der Ladung getrennt, sondern aufgrund der engmaschigeren Poren wird auch ein Molekularsieb-Effekt erzielt, so daß die unterschiedlichen Molekulargewichte einen Einfluß auf das Trennergebnis haben. Dadurch wird die Trennung in eine größere Anzahl von Fraktionen erreicht, aber die verbesserte Auflösung spielt fast nur in der Forschung eine Rolle, während sie für die Routineanalyse kaum Bedeutung hat.

Die Elektrophorese von Serumproteinen ist eine allgemein übliche Analysenmethode im Bereich der Klinischen Chemie. Sie wird auf folgenden Trägermedien durchgeführt:

- Zelluloseacetat: Die Färbung wird mit Ponceau-Rot durchgeführt, einem Farbstoff, der Proteine linear in Abhängigkeit von der Proteinkonzentration anfärbt.
- Standard-Agarose (Abb. 1-3) und in besonderen Fällen sogar hochauflösende Agarose (Abb. 4). Die Färbung erfolgt mit Amido-Schwarz, das empfindlicher als Ponceau-Rot ist, so daß auch eine geringgradige Gammopathie nachgewiesen werden kann.

Farbstoffe wie Coomassie-Blau oder Acid-Violet, die für ihre hohe Empfindlichkeit bekannt sind, werden vor allem für qualitative Abschätzungen eingesetzt, z.B. bei Serum-Immunfixation, Elektrophorese und Immunfixation von Liquor, Urin oder anderen Flüssigkeiten mit niedriger Proteinkonzentration.

Nach der Färbe- und Entfärbeprozedur können die Trägermedien entweder visuell beurteilt werden, wobei nur eine qualitative Bewertung möglich ist, oder zur quantitativen Bestimmung im Densitometer ausgewertet werden. Anschließend können sie, wenn nötig, gelagert werden.

II. DIE INTERPRETATION EINER PROTEIN-ELEKTROPHORESE

Die elektrophoretische Trennung von Humanserum, die im Normalfall in alkalischer Lösung vorgenommen wird, ergibt 5-6 eindeutig definierte Fraktionen, die vom verwendeten Trägermedium abhängen:

- Albumin: diese biochemisch homogene Fraktion ist die bedeutendste von allen Serumprotein-Fraktionen.
- Vier Gruppen von migrierenden Globulinen: $\alpha 1$-, $\alpha 2$-, ß- und γ-Globuline. Diese Gruppen umfassen Proteine mit sehr unterschiedlichen Funktionen. Aus ihren unterschiedlichen Mengenverhältnissen lassen sich unschätzbare Informationen für die Diagnose verschiedener organspezifischer Erkrankungen ableiten:

Agarosegel-Elektrophorese

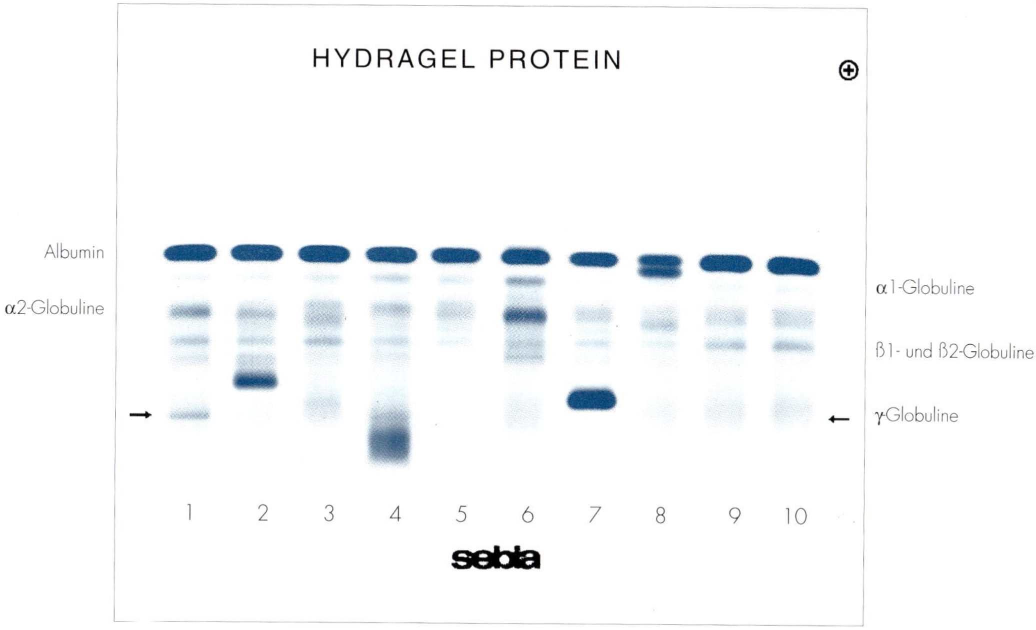

Abb. 1

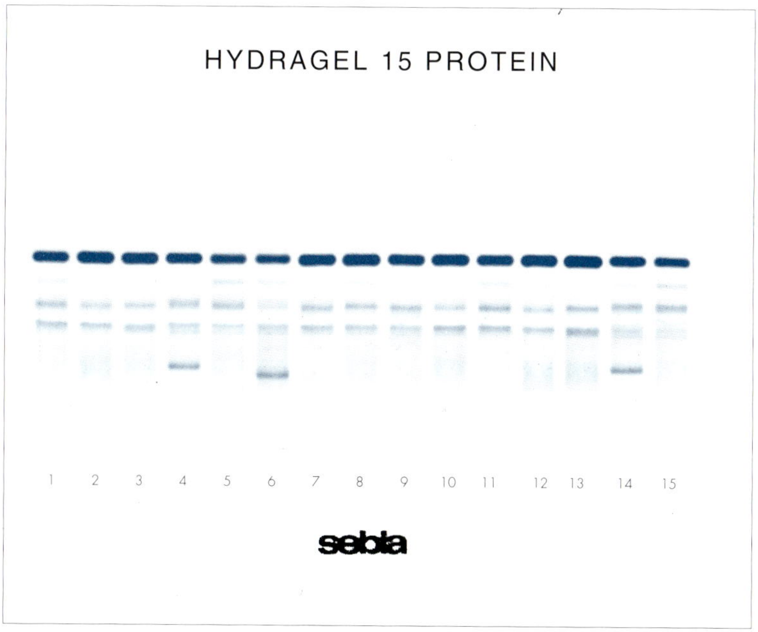

Abb. 2

Albumin
α1-Globulin: Orosomucoid, α1-Antitrypsin, Chymotrypsin
α2-Globulin: Haptoglobin, α2-Makroglobulin, Coeruloplasmin, Gc-Globulin, α-Lipoproteine
ß1- und ß2-Globuline: Transferrin, Hämopexin, C3-Komplement, ß-Lipoprotein
γ-Globulin: IgG, IgA, IgM, (IgD - IgE)

Agarosegel-Elektrophorese

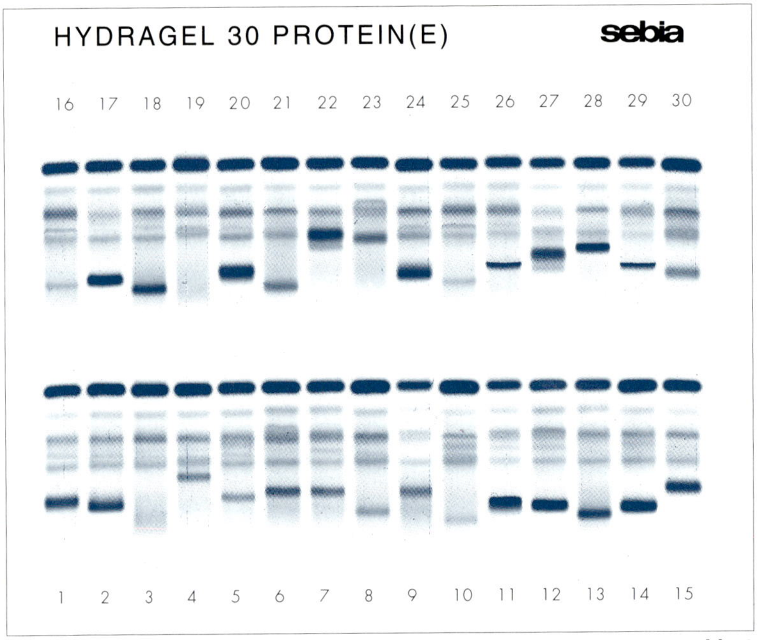

Abb. 3

Hochauflösende Elektrophorese

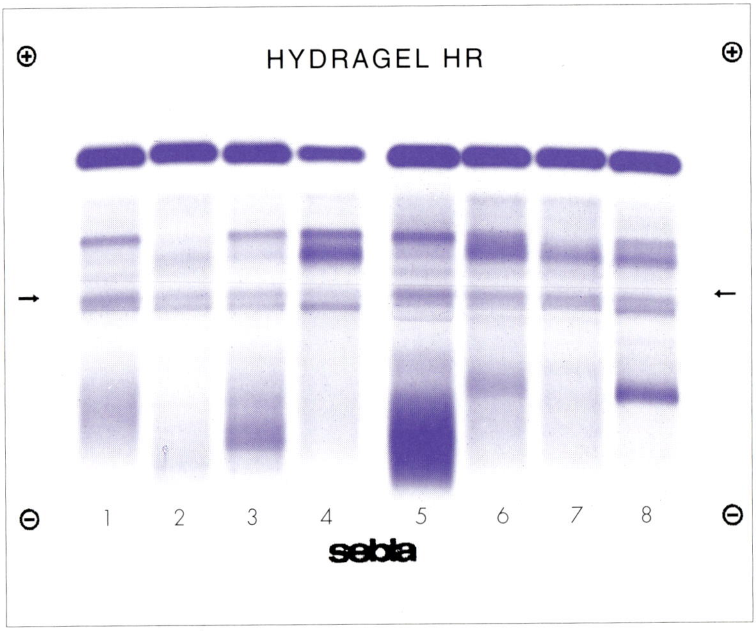

Abb. 4

- Lebererkrankungen: die Leber synthetisiert Proteine, die in den Zonen α1, α2 und ß migrieren.
- Lymphatisches System: hier werden Immunproteine synthetisiert, die vor allem in der γ-Globulin-Zone migrieren.

Für die Interpretation jeglicher Proteinelektrophorese ist es unbedingt erforderlich, die pathophysiologischen Variationen der serumspezifischen Proteine zu kennen. Gegebenenfalls muß diese Information durch den Gesamteiweißgehalt ergänzt werden.

1. Pathologische Veränderungen des Gesamteiweißgehalts

Der Referenzbereich für Gesamteiweiß im Serum liegt für gesunde Erwachsene bei 65-80 g/l; für Plasma erhöht sich dieser Wert um etwa 3 g/l, da es Fibrinogen und Gerinnungsfaktoren enthält.

Bei der Geburt übersteigt das Gesamteiweiß 40-60 g/l nicht, dennoch ist das Verhältnis Albumin/Globulin, das normalerweise zwischen 1,2 und 1,8 liegt, bei Kindern und Erwachsenen gleich. Abweichungen des Proteingehalts beruhen auf zwei Möglichkeiten:

- Schwankungen des Blutvolumens
- Abnormale Proteinsynthese

In der Praxis ermöglicht die Messung des Hämatokrit-Wertes die Diagnose von Hämodilution oder Hämokonzentration, sofern keine Anämie vorliegt. Schwankungen der Protein-Gesamtmenge können zwei Formen annehmen:

1.1. Hyperproteinämie

Hyperproteinämie ist charakterisiert durch:

- Die Zunahme der Gesamtmenge an zirkulierendem Protein:
  - polyklonale oder monoklonale Hyper-γ-Globulinämie
- Die Abnahme der Wassermenge im Blutgefäß-System (Hämokonzentration):
  - Fehlende oder reduzierte Flüssigkeitszufuhr
  - Flüssigkeitsverlust (z.B. durch Hitzschlag, Durchfall, Erbrechen)

1.2. Hypoproteinämie

Hypoproteinämie ist charakterisiert durch:

- Die Abnahme der Gesamtmenge an zirkulierendem Protein:
  - Fehlende oder reduzierte Nahrungsmittelzufuhr (Mangel- bzw. Unterernährung)
  - Beeinträchtigte Resorption

- Proteinverlust (kutan, renal oder intestinal)
- eingeschränkte Proteinsysnthese in der Leber

• Die Zunahme der Wassermenge im Blutgefäß-System (Hämodilution):
- übersteigerte Wasserzufuhr

Als Faustregel wird empfohlen, jeden Gesamteiweißbefund unterhalb von 60 g/l oder oberhalb von 85 g/l durch eine **Serumelektrophorese** zu ergänzen.

2. Interpretation einer normalen Humanserum-Elektrophorese

Die Ergebnisse einer Serumelektrophorese lassen sich auf zwei verschiedene Arten darstellen (Abb. 5):

- Als graphische Darstellung durch ein Densitogramm des Elektrophoresestreifens
- Als numerische Werte für jede Fraktion: Gesamtkonzentration und Konzentration der einzelnen Proteine in g/l; Prozentsatz der einzelnen Fraktionen am Gesamtprotein oder Verhältnis Albumin/Globulin

Bei normalem Gesamteiweiß sind die prozentualen Werte den Konzentrationen in g/l äquivalent. Bei verändertem Gesamteiweiß müssen die Werte jeder Fraktion daraufhin untersucht werden, ob die Variation des Gesamtproteingehalt auf eine Änderung aller Fraktionen zurückzuführen ist, oder ob nur eine Fraktion signifikante Änderungen zeigt (z.B. Hyperproteinämie, die durch eine monoklonale Komponente verursacht ist).

Die Änderungen im Verhältnis Albumin/Globulin ermöglichen nur, folgende Aussagen zu treffen:

- Das Verhältnis kehrt sich um (und nimmt einen Wert an, der kleiner 1 ist), wenn die Albuminmenge abnimmt, und/oder wenn die Globulinmenge zunimmt (z.B. bei Leberzirrhose).
- Das Verhältnis nimmt einen Wert größer 2 an, wenn die Globulinmenge abnimmt (z.B. bei Hypo- oder Agammaglobulinämie).

Ergebnisse einer Serumelektrophorese in Agarose

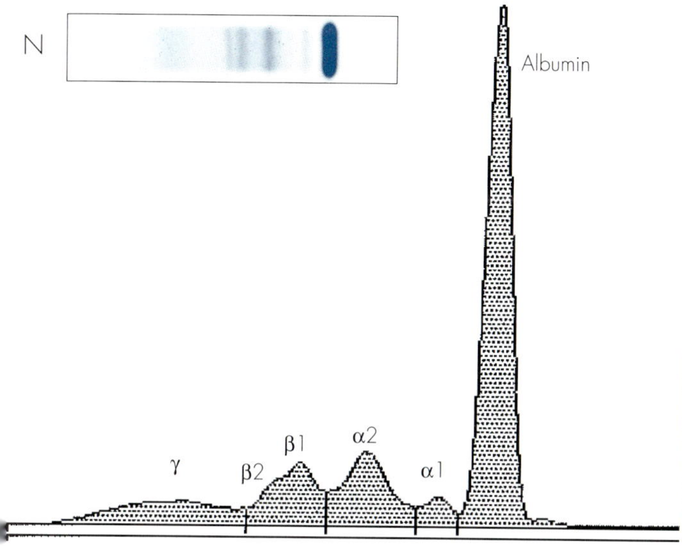

PROTEINOGRAM OCT 18 93
2 / 1 ECH : 1

AGE : Ø SEX :

TOTAL PROTEINS : 61.Ø G/L
A/G : 1.33

NAME	Ø/Ø	G/L	NORM : %	G/L
ALBUMIN	57.1	34.9	52-65	34-42
ALPHA 1	3.6	2.2	2-4.5	1-3
ALPHA 2	14.6	8.9	1Ø-15	6-9
BETA	12.5	7.6	6-13	4-9
GAMMA	12.2	7.4	1Ø-19	6-13

NORMAL SERUM

Albumin **Abb. 5**

α1-Zone : Orosomucoid, α1-Antitrypsin, Chymotrypsin
α2-Zone : Haptoglobin, α2-Makroglobulin, Coeruloplasmin, Gc-Globulin, α-Lipoproteine
β1-Zone : Transferrin, Hämopexin
β2-Zone : C3-Komplement, β-Lipoproteine
γ-Globulin : IgG, IgA, IgM, (IgD - IgE)

3. Die häufigsten Anomalien bei der Serumprotein-Elektrophorese und ihre Interpretation

3.1. Änderungen in der Albumin-Fraktion

3.1.1. Doppelbande: Bisalbuminämie (Abb. 6)

Die Bisalbuminämie tritt in drei verschiedenen Erscheinungsformen auf, nämlich entweder permanent oder vorübergehend:

- Die vererbliche Form: in diesem Fall ist die Doppelbande das permanente Anzeichen für eine genetische Variante. Verallgemeinerbare pathologische Effekte wurden dabei bisher nicht beobachtet.
- Die erworbene transiente Bisalbuminämie tritt in zwei Fällen auf:
  - bei hochdosierter Behandlung mit Betalactam-Antibiotika bei Patienten mit renaler Niereninsuffizienz, wenn Antibiotika-Moleküle an Albumin binden
  - bei Pankreasfisteln aufgrund intrakavitärer Albuminlyse durch Pankreasenzyme. Wenn eine Bisalbuminämie bei Patienten mit Pankreatitis gefunden wird, muß in Betracht gezogen werden, daß eine Pankreas-Pseudozyste vorliegt. Gegebenenfalls ist die Indikation zur Operation gegeben.

3.1.2. Nahezu vollständiges Fehlen der Albumin-Bande: kongenitale Analbuminämie (Abb. 7)

Dieser Befund tritt sehr selten auf. Das elektrophoretische Muster ist ungewöhnlich: die Albumin-Bande ist sehr schwach, aber alle vier Globulinfraktionen sind deutlich verstärkt vorhanden, um die schwere Hypoalbuminämie zu kompensieren und den osmotischen Druck möglichst hoch zu halten. Die klinischen Symptome sind gewöhnlich auf das Auftreten diskreter Ödeme beschränkt.

3.1.3. Hypoalbuminämie

Da Albumin ausschließlich in der Leber gebildet wird, weist jedes Absinken der Albuminfraktion auf einen der vier folgenden Mechanismen hin:

- Fehlerhafte Ernährung, schwerwiegende chronische Mangel- oder Unterernährung
- Reduzierte Albumin-Syntheserate: hepatozelluläre Insuffizienz (Zirrhose, Hepatitis), Entzündung
- Vermehrter Verlust über Organsysteme, z.B. über die Nieren bei nephrotischem Syndrom, über den Darm bei exsudativer Enteropathie oder über die Haut bei Verbrennungen
- Hyperkatabolismus: erworbene endokrine Störungen (Thyreotoxikose, Cushing-Syndrom), schwere entzündliche Krankheiten.

Bisalbuminämie

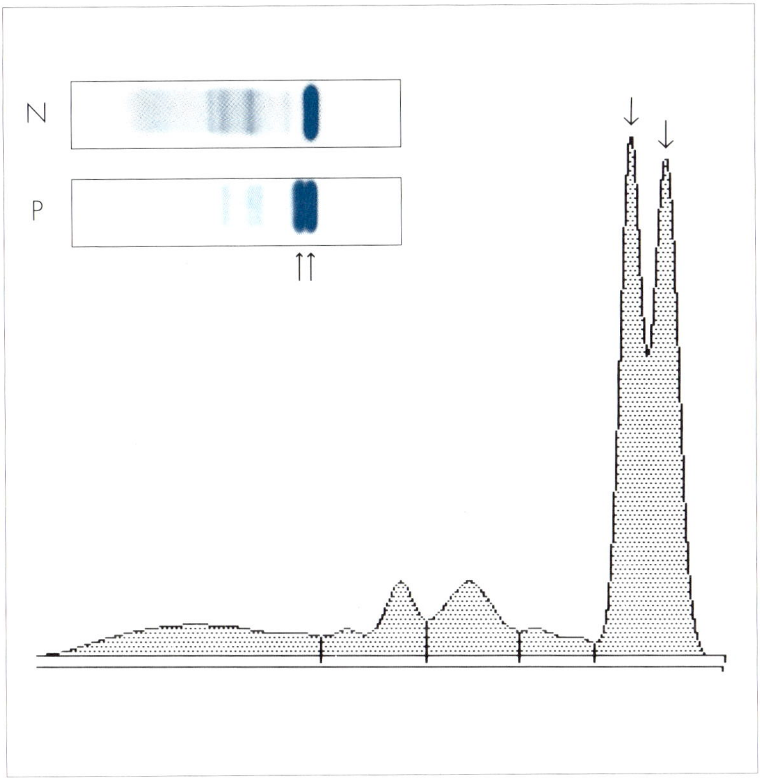

Legende:

N: Normales Serum
P: Pathologisches Serum

Albumin-Doppelbande

Abb. 6

Kongenitale Analbuminämie

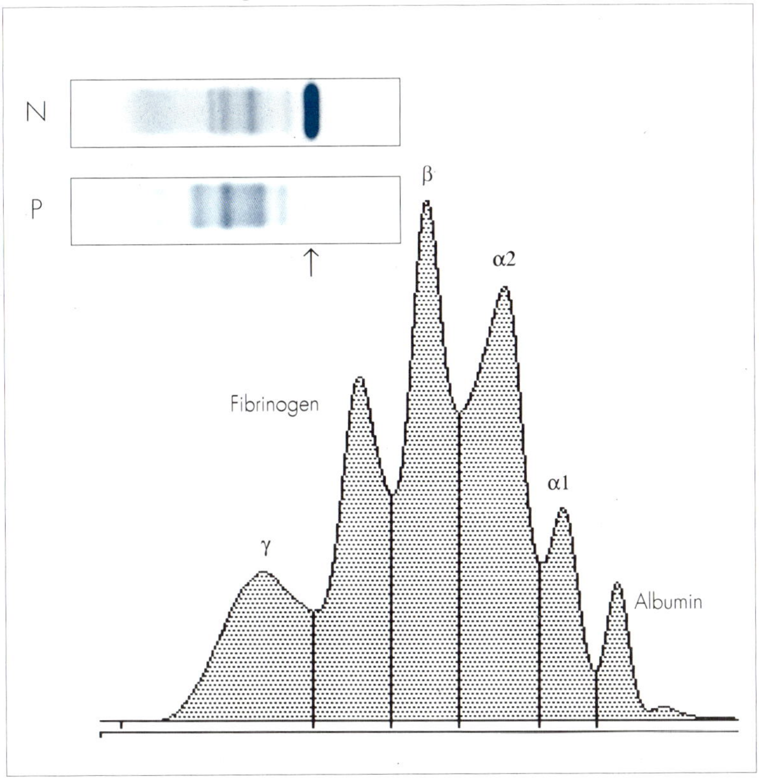

Elektrophorese von Plasma. Die zusätzliche γ-Fraktion ist auf Fibrinogen zurückzuführen, das im Serum nicht auftritt.

Abb. 7

3.1.4. Hyperalbuminämie

Bei Gesunden hat das Auftreten einer Hyperalbuminämie nicht unbedingt eine pathologische Bedeutung; bei hospitalisierten Patienten ist sie jedoch häufig ein Hinweis auf eine Hämokonzentration oder überhöhte parenterale Albuminzufuhr.

3.2. Änderungen in der α1-Globulin-Zone

3.2.1. Abnahme

- Entweder durch hepatozelluläre Insuffizienz, Mangel- oder Unterernährung oder Proteinverlust, normalerweise begleitet von Abnahme der Mengen an Albumin, α2- und ß-Globulinen
- oder durch angeborenenen Mangel an α1-Antitrypsin, dem vorherrschenden Protein in der α1-Zone. Bei heterozygotem Mangel ist die Verminderung der α1-Zone gering (PiMZ-Phänotyp), bei homozygotem Mangel jedoch ausgeprägt (PiZZ-Phänotyp, s. Abb. 8).

Diese Proteinanomalie kann bei Kindern mit Leberveränderungen oder bei Erwachsenen mit Lungenkrankheiten einhergehen.

α1-Antitrypsin-Mangel (PiZZ-Phänotyp)

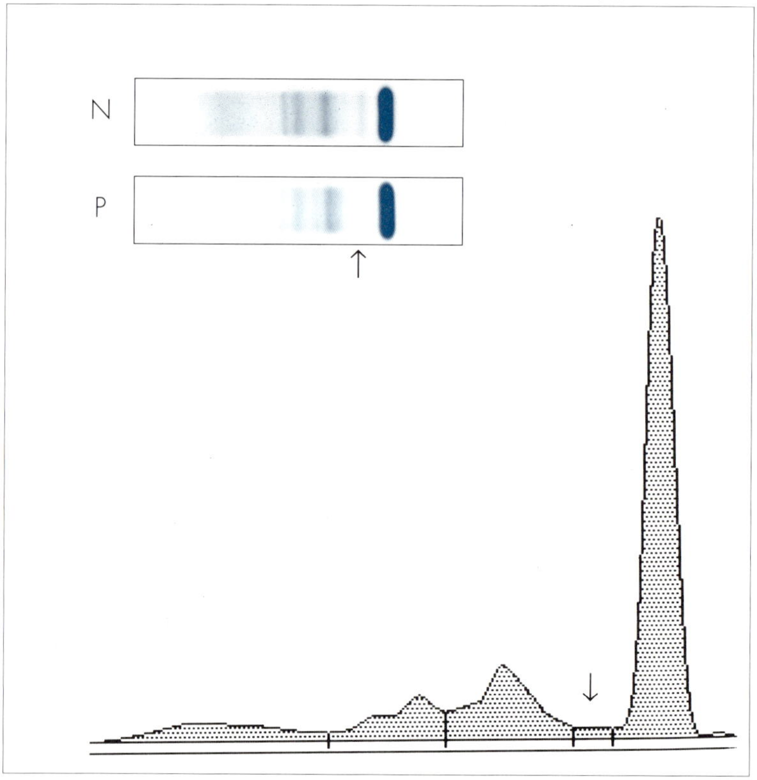

Abb. 8

3.2.2. Zunahme

Eine Zunahme tritt meist bei Entzündungen auf, die mit einer deutlichen Zunahme der α2-Zone verbunden sind, weil hier bei der Elektrophorese "Akutphasenproteine" lokalisiert sind (Orosomucoid und α1-Antitrypsin in der α1-Zone und Haptoglobin in der α2-Zone) (Abb. 9).

Akute Entzündung

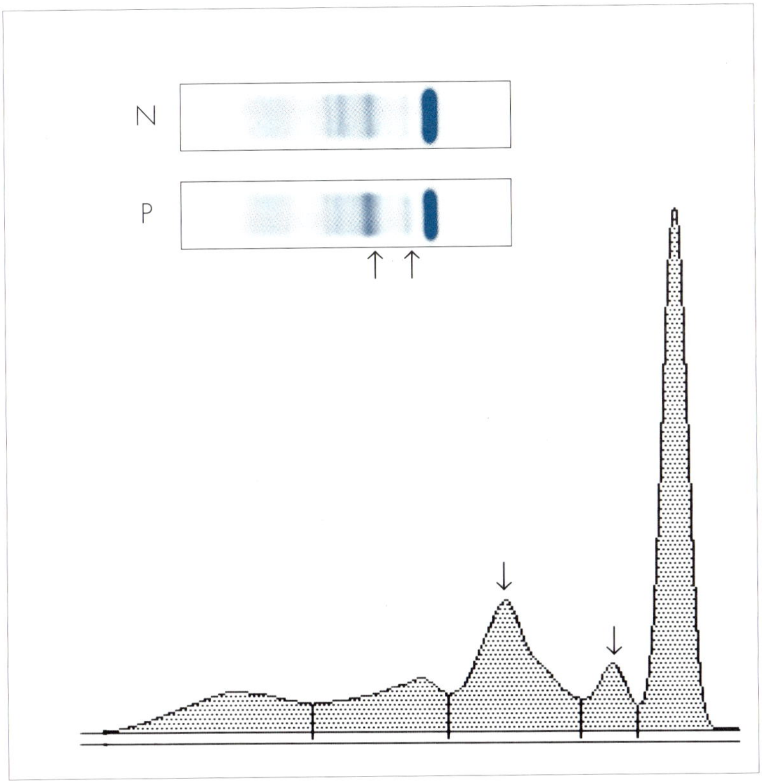

Abb. 9

3.3. Änderungen in der α2-Globulin-Zone

3.3.1. Doppelbande

Wenn ausgeschlossen wurde, daß mit hämolytischem Serum gearbeitet wurde (Abb. 10), müssen folgende drei Möglichkeiten für normal erscheinendes Serum in Betracht gezogen werden:

- Auftreten eines von Hp 1-2 verschiedenen Haptoglobin-Phänotyps (dem in Frankreich am meisten verbreiteten Typus), z.B. Hp 1-1 oder Hp 2-2. Diese Phänotypen haben eine von Hp 1-2 differierende elektrophoretische Mobilität. Dem Auftreten dieser Phänotypen kann bislang keine pathologische Bedeutung zugeordnet werden.

- Seltener: das Vorkommen von ß-Lipoproteinen (Apo B) mit abnormer elektrophoretischer α2-Mobilität.
- Freie Leichtketten, die in dieser Zone migrieren.

Hämolytisches Kinderserum mit doppelter α2-Bande

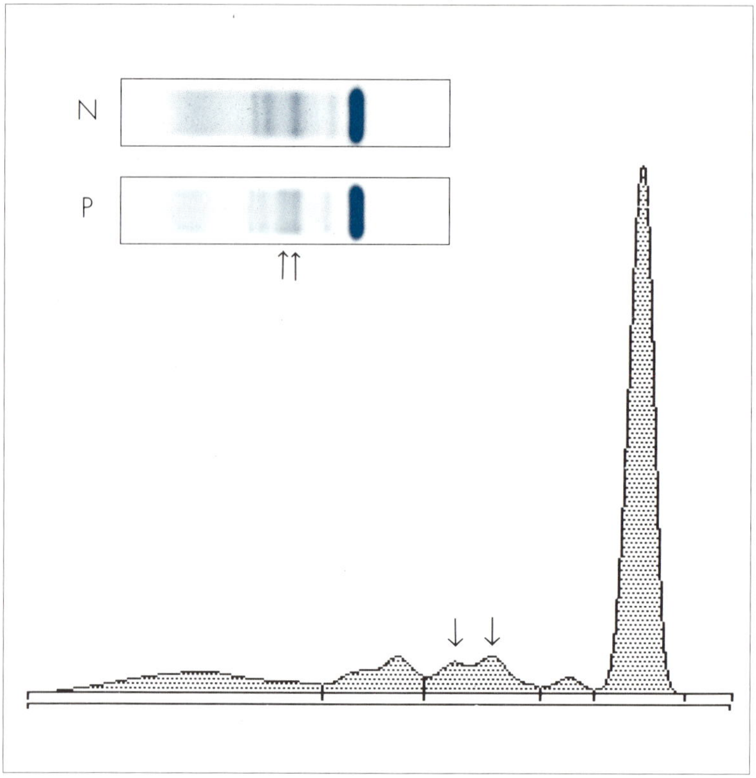

Abb. 10

3.3.2. Abnahme

Die Abnahme kann verursacht werden durch

- Hepatozelluläre Insuffizienz, Proteinverlust, Mangel- oder Unterernährung
- Intravasale Hämolyse: bei gleichzeitiger akuter Entzündung wird die Abnahme des Haptoglobins am deutlichsten sichtbar (Diskrepanz zwischen der beträchtlichen Zunahme in der α1-Zone und der Abnahme in der α2-Zone).

3.3.3. Zunahme

Eine Zunahme wird vor allem bei zwei Zuständen beobachtet. Sie resultiert aus den schwankenden Spiegeln der zwei Hauptproteine, die in der α2-Zone wandern.

- Entzündungssyndrom: mit Zunahme von Haptoglobin, der Anteil der α2-Fraktion übersteigt 12 %, verbunden mit Hyper-α1-Globulinämie (Abb. 9).
- Nephrotisches Syndrom: häufig deutliche Zunahme von α2-Makroglobulin in Verbindung mit Hypoalbuminämie (durch renalen Verlust), Hyper-ß-Globulinämie (durch Zunahme von Apo B), Hypo-γ-Globulinämie (besonders bei Lipidnephrose) und bei einer Proteinurie von mehr als 3 g/24 h (Abb. 11).

Nephrotisches Syndrom

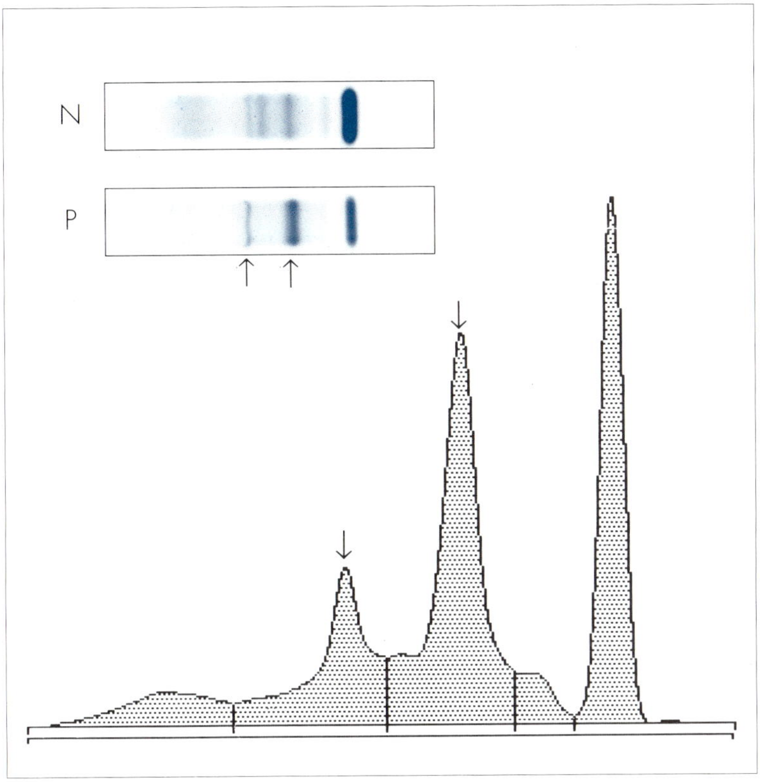

Abb. 11

3.4. Änderungen in der ß-Globulin-Zone

3.4.1. Abnahme

Die Abnahme kann folgende Ursachen haben:

- Hepatozelluläre Insuffizienz, Proteinverlust, Mangel- oder Unterernährung in Verbindung mit einer Abnahme von Transferrin, das in der ß1-Zone migriert.

- C3-bedingte Komplementerniedrigung führt zu einer Verminderung der ß2-Zone. Das Verschwinden der gesamten ß2-Zone in der Elektrophorese ist im allgemeinen auf die Verwendung von "gealtertem" Serum zurückzuführen, das nicht sofort nach der Gewinnung für die Elektrophorese eingesetzt wurde.

3.4.2. Zunahme

Je nach Intensität der Zunahme und der Auswirkung auf die ß-Zone kommen folgende Ursachen in Frage:

- Nicht-monoklonale Ursachen (generell mit moderater Zunahme verbunden):
  - Hyper-ß1-Globulinämie, verursacht durch Hypertransferrinämie bei Eisenmangelanämien (Abb. 12) oder durch prozentuale Zunahme des Apo B-Anteils der ß-Lipoproteine.

Hypertransferrinämie bei Eisenmangelanämie (Zunahme der ß1-Fraktion)

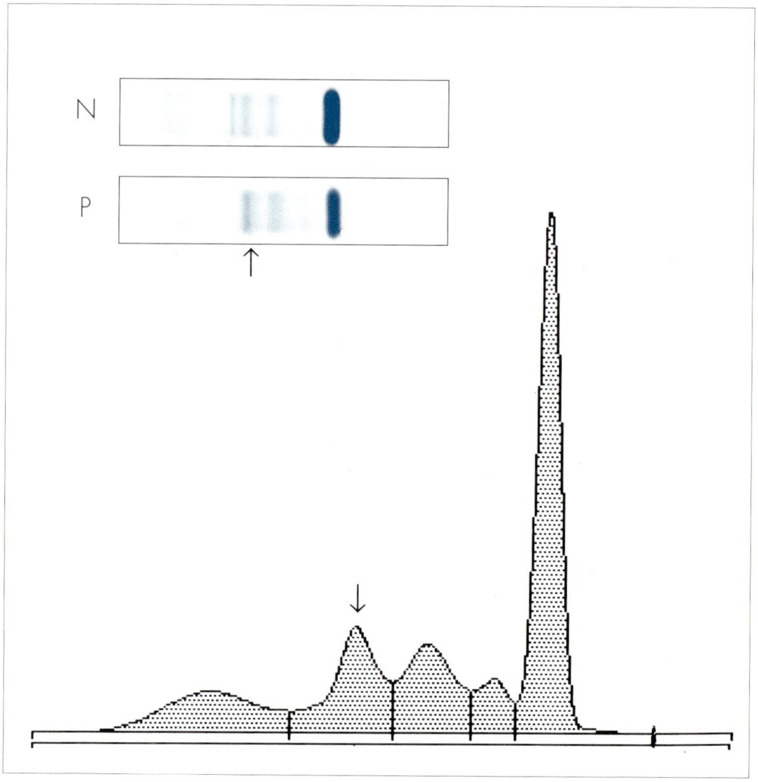

Abb. 12

- Hyper-ß2-Globulinämie durch C3-Hyperkomplementämie : entzündungsbedingte oder sekundäre Hyper-ß2-Globulinämie aufgrund von intra- oder extrahepatischer Gallenabflußbehinderung (im vorliegenden Fall ist der Katabolismus des C3 in den Kupffer-Zellen gestört).
- Zunahme der gesamten ß-Zone in Verbindung mit einem ß-γ-Block durch polyklonal vermehrtes Immunglobulin A bei alkoholischer Zirrhose (Abb. 13).

ß -γ- Block bei alkoholischer Zirrhose

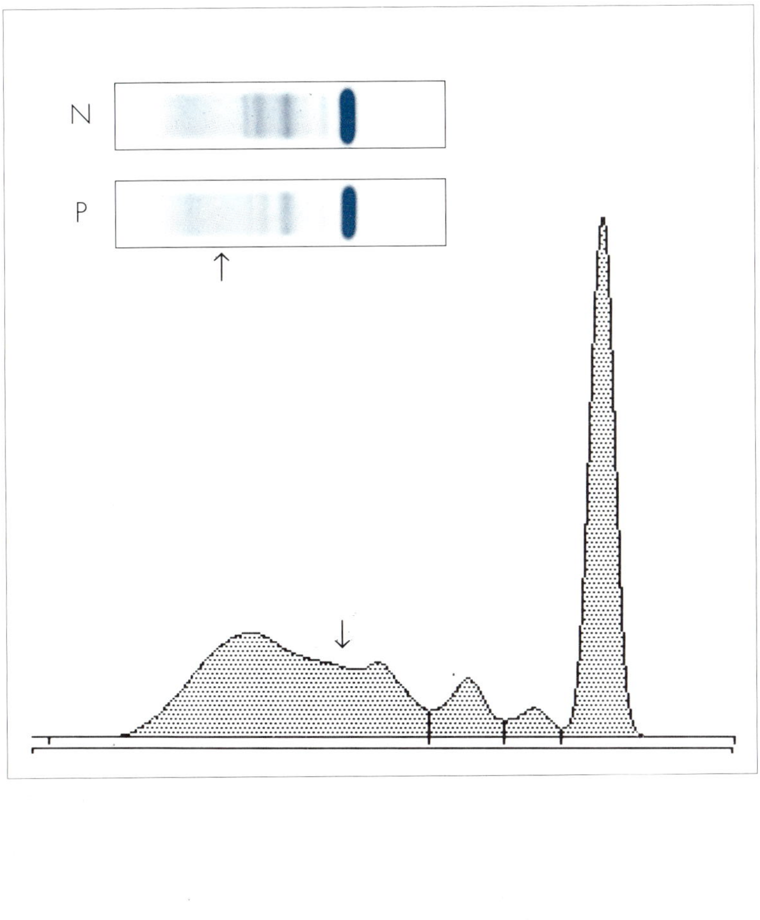

Abb. 13

- Monoklonale Proteine:
  - am häufigsten Immunglobulin A (Abb. 14), aber auch Immunglobulin G

Nachweis von monoklonalem IgA in der ß-Zone

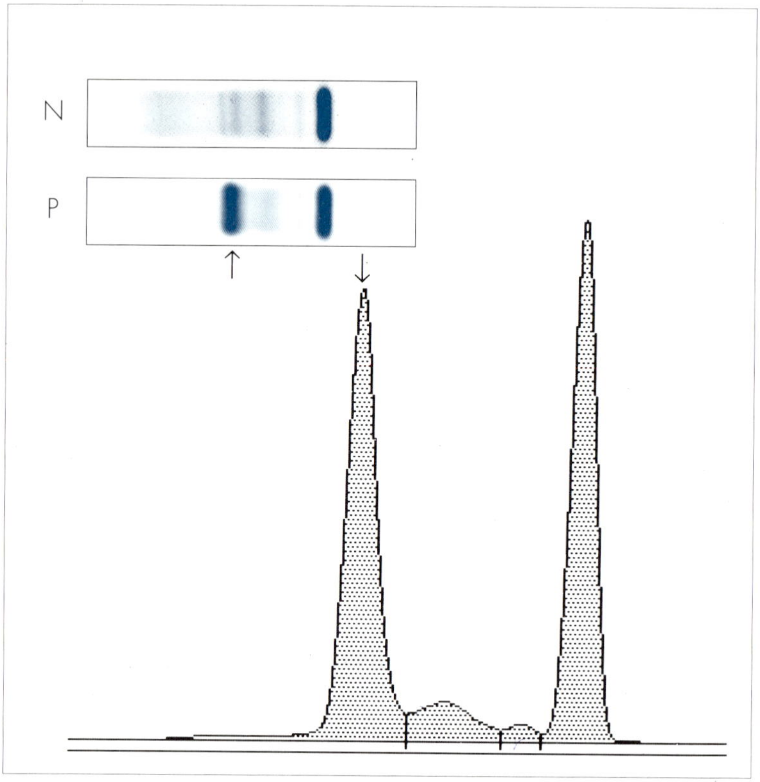

Abb. 14

- monoklonales Immunglobulin M bei Morbus Waldenström
- freie Kappa- oder Lambdaketten (Abb. 15) bei Leichtketten - Plasmozytom (in Verbindung mit Hypo-γ-Globulinämie) oder bei Amyloidose.

3.5. Veränderungen in der γ-Globulin-Zone

In der γ-Fraktion wandern die Immunglobuline (G, A, M, D, E). Für eine sorgfältige Interpretation dieser Zone muß man das Alter des Patienten und ein Minimum an klinischen Daten kennen.

Leichtketten-Krankheit

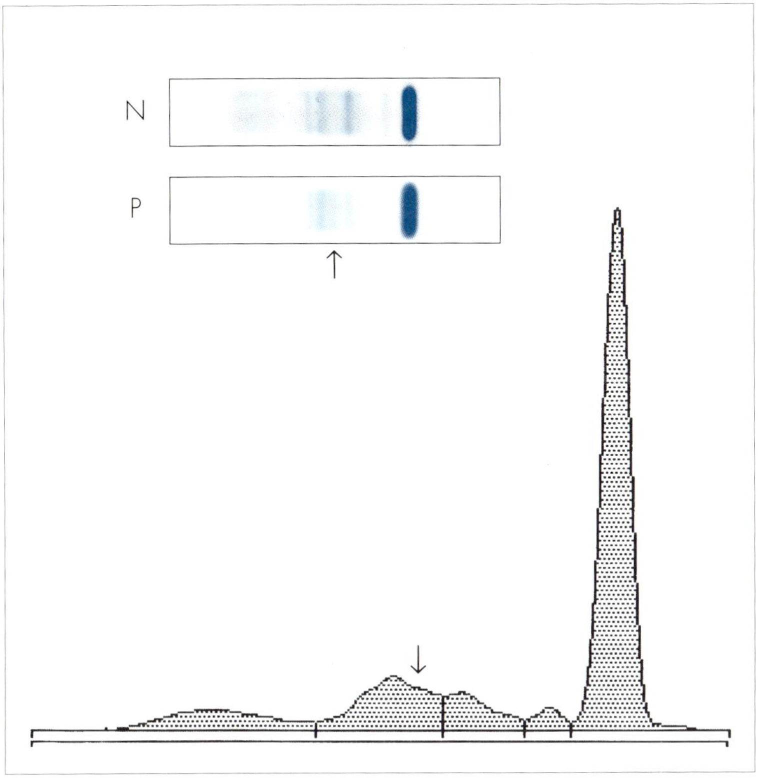

Abb. 15

3.5.1. Hypo-γ-Globulinämie

- Physiologische Hypo-γ-Globulinämie bei Neugeborenen
- Partieller oder kompletter primärer Mangel der drei Immunglobulin-Klassen bei Kindern oder Erwachsenen (Abb. 16)

Hypo-γ-Globulinämie

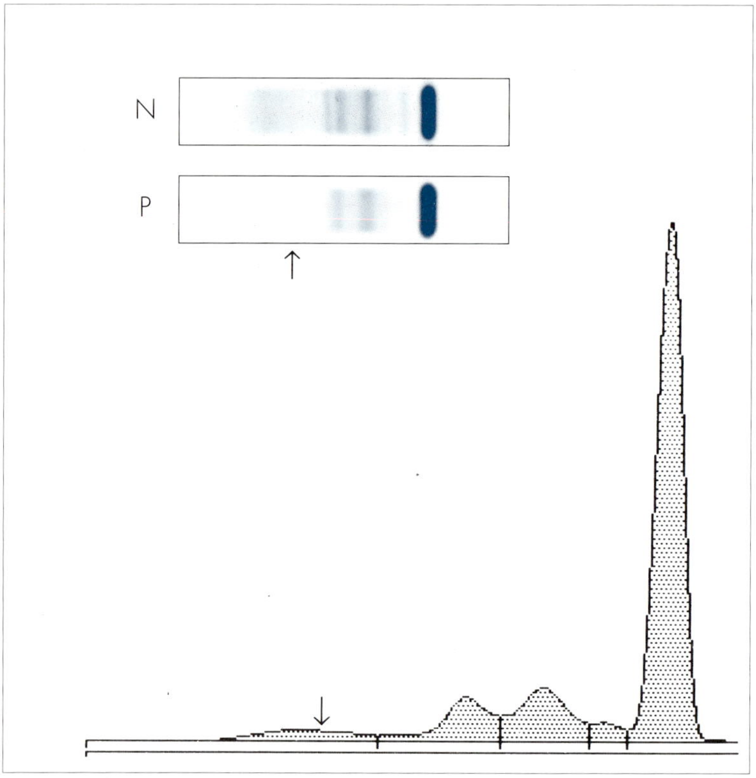

Abb. 16

- Sekundäre Hypo-γ-Globulinämie, verursacht durch Kortikosteroide, Immunsuppressiva, Chemotherapie oder Radiotherapie
- Hypo-γ-Globulinämie bei Leichtketten-Plasmozytom. Der Nachweis von Bence-Jones-Proteinen im Urin bestätigt die Diagnose.

3.5.2. *Hyper-γ-Globulinämie*

- Polyklonale Hyper-γ-Globulinämie (diffuse Bande) vor allem bei chronischen Lebererkrankungen, Infektionen, AIDS und Autoimmunkrankheiten (Abb. 17).

Polyklonale Hyper-γ-Globulinämie

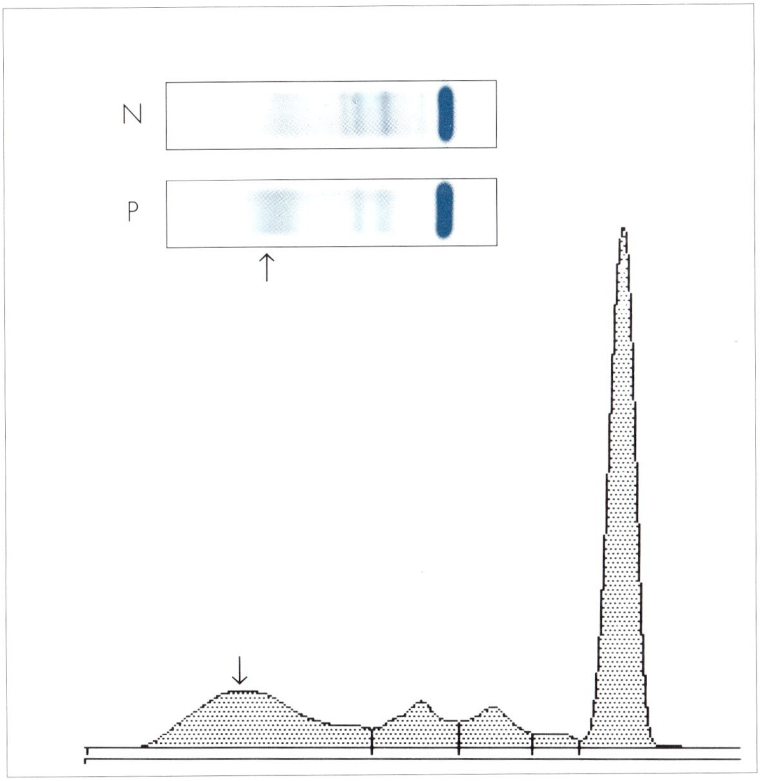

Abb. 17

- Monoklonale Hyper-γ-Globulinämie (schmale und homogene elektrophoretische Bande), entweder bei malignen (Plasmozytom oder Morbus Waldenström), assoziierten (chronisch lymphatische Leukämie, Lymphom) oder benignen Gammopathien bei älteren Patienten (Abb. 18).

Paraprotein bei einem älteren Patienten

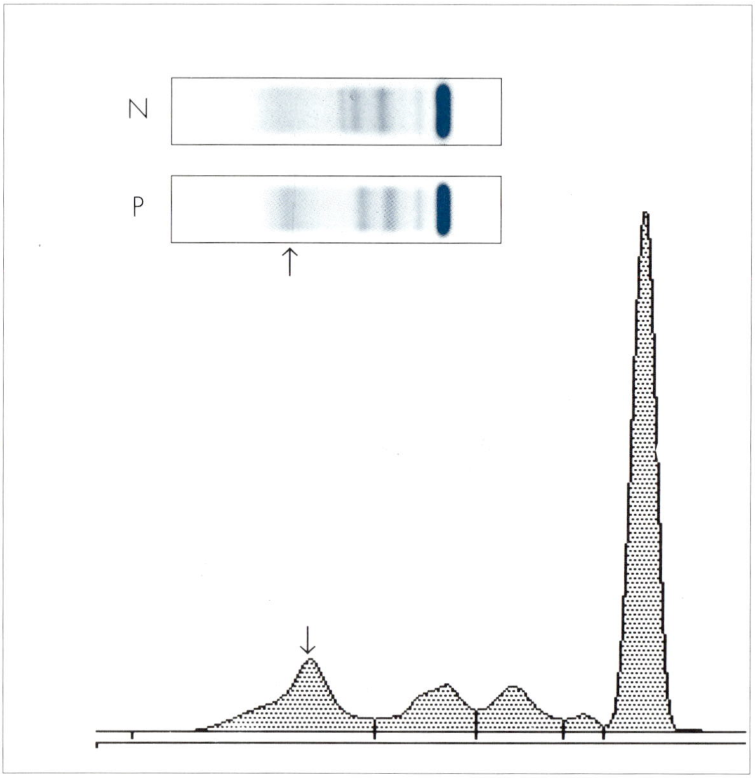

Abb. 18

Wenn eine kleine "monoklonale" Bande in der γ-Zone auftritt, muß die Möglichkeit ausgeschlossen werden, daß es sich um Fibrinogen handelt, indem die Elektrophorese der Probe nach Thrombin-Behandlung wiederholt wird. Thrombin fällt das wasserlösliche Fibrinogen als unlösliches Fibrin aus.

- Oligokonale Hyper-γ-Globulinämie (mehrere schmale und homogene Banden, s. Abb. 19).

Oligoklonales Muster

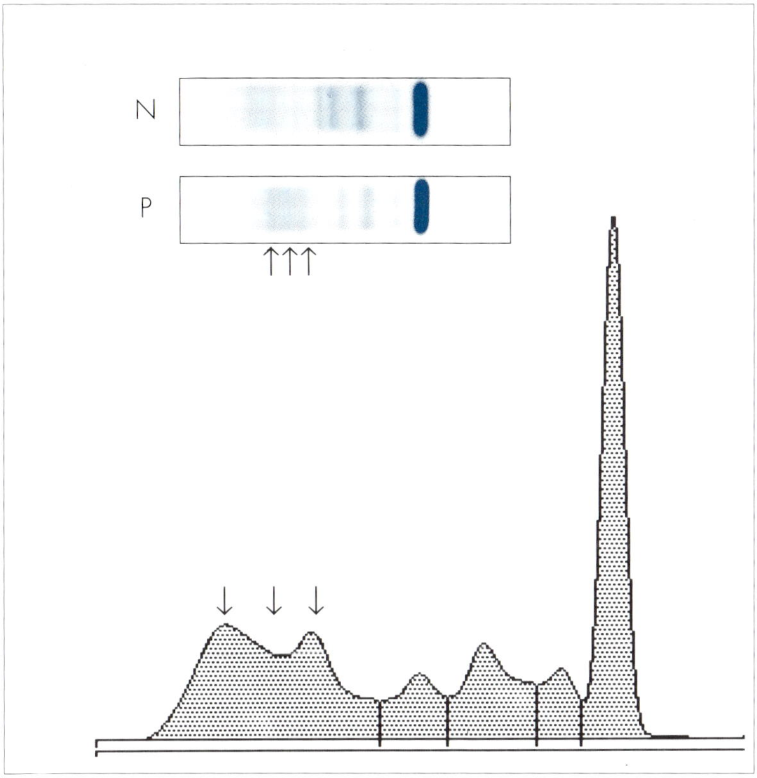

Abb. 19

In bestimmten Fällen entsteht die Hyper-γ-Globulinämie durch den Anstieg einiger Subklassen, so daß sich das oligoklonale Muster im Serum, mitunter auch im Liquor, aus multiplen monoklonalen Banden zusammensetzt.

Diese monoklonalen Banden entstehen durch die Synthese von Antikörpern, die gegen verschiedenartige Antigene gerichtet sind. Sie können nur identifiziert werden, wenn die Elektrophorese in einem hochauflösenden Trägermedium, wie z.B. Agarose, durchgeführt wird und die Probe sehr schmalbandig aufgetragen wird.

Diese Immunglobuline entsprechen entweder :

- Autoantikörpern einiger Autoimmunkrankheiten :
  - Rheumatoide Arthritis
  - Sjögren Syndrom

- Lupus erythematodes
- Progressive Systemische Sklerose

- Antikörpern gegen virale Proteine:
  - HIV-Infektion
  - Virushepatitis
  - Meningitis
  - Infektionen mit Zytomegalievirus

- der Immunantwort von Transplantatempfängern unter Therapie mit Immunsuppresiva
- oder der Immunantwort von normalen Individuen: in 1% bis 5% aller Fälle liegt ein oligoklonales Muster ohne jegliche klinische Relevanz vor.
  Diese monoklonal erscheinenden Banden liegen oft in nur geringer Konzentration vor und sind normalerweise vorübergehend.

SCHLUßFOLGERUNGEN

Die Serumprotein-Elektrophorese ist eine übliche Untersuchungsmethode, die am häufigsten zur Abklärung bei erhöhter Blutsenkungsgeschwindigkeit (BSG) durchgeführt wird. Sie soll den entzündlichen oder infektiösen Prozeß bestätigen, der bereits vom Kliniker diagnostiziert wurde, oder im Falle von poly- oder monoklonalen Hyper-γ-Globulinämien Hinweise für die weitere Untersuchungsrichtung geben.

In fester Kombination mit der Gesamteiweißbestimmung ist die Proteinelektrophorese eine Untersuchungsmethode, die einfach und schnell durchgeführt werden kann. Sie ist ein unverzichtbares Hilfsmittel zur Diagnose und Verlaufskontrolle schwerer Krankheiten, insbesondere für maligne monokonale Gammopathien sowie Immundefekte.

Kapitel 2

ALLGEMEINES ÜBER MONOKLONALE GAMMOPATHIEN

Die Untersuchung auf monoklonale Immunglobuline im Serum oder Urin ist eine Anforderung, die immer häufiger an klinische Labors gestellt wird. Das hat drei Hauptursachen:

- Das zunehmende Alter der untersuchten Patienten, denn das Auftreten monoklonaler Gammopathien (MG) ist bei älteren Patienten häufiger als bei jungen.
- Eine deutlich ansteigende Nachfrage zu Elektrophoresen und zur Quantifizierung von Immunglobulinen, denn die Serumprotein-Elektrophorese ist heutzutage ein normaler Bestandteil der Screening-Tests, denen ein Patient im Krankenhaus unterzogen wird.
- Die Weiterentwicklung klinisch-diagnostischer Methoden in Bezug auf Geschwindigkeit, Zuverlässigkeit und Einfachheit der Interpretation. Durch den Einsatz von Agarose als Trägermedium kann eine größere Auflösung erreicht werden, die verwendeten Geräte sind einfacher zu bedienen als früher, und die vereinfachte Typisierung monoklonaler Immunglobuline durch Immunfixierungstechniken ermöglicht eine höhere Empfindlichkeit als die herkömmliche Immunelektrophorese.

Die Analyse von Paraproteinen erfordert den Einsatz von mehr oder weniger komplexen Techniken in den Bereichen Immunologie, Hämatologie und Biochemie. Wir werden im folgenden Teil nur auf die neuesten Entwicklungen in der Proteinanalyse eingehen.

1. DEFINITION MONOKLONALER GAMMOPATHIEN

Monoklonale Gammopathien (MGs) sind durch eine übermäßige Produktion eines einzigen Immunglobulintyps charakterisiert, der zu einer bestimmten Klasse und überdies noch zu einer einzigen Subklasse gehört. Sie entstehen bei der Proliferation eines spezifischen Klons von malignen oder hyperstimulierten Plasmazellen, die wiederum eine homogene Population monoklonaler Immunglobuline synthetisieren.

Die Gründe für das Auftreten einer MG sind noch unklar und hypothetisch. Es könnte sich sowohl um virale oder karzinogene, um wiederholte Antigenstimulation als auch um genetische oder Umweltfaktoren handeln.

Der Begriff "Paraprotein" ist genau gesagt unrichtig, denn es handelt sich dabei nicht um ein Immunglobulin mit abnormer Struktur, sondern um ein biochemisch normales Immunglobulin mit übermäßiger Synthese.

Verschiedene Molekültypen von Immunglobulinen, die in Humanserum nachgewiesen werden können

Abb. 20

Diese Erscheinungsbilder werden als Dysglobulinämie, monoklonale Gammopathie oder Paraproteinämie bezeichnet. Die wesentlichen Eigenschaften humaner Immunglobuline sind in Abb. 20 und Abb. 21 aufgeführt.

Allgemeine Struktur von IgG

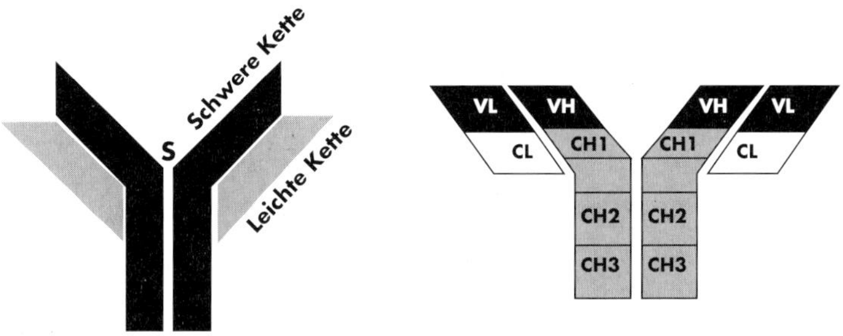

4 Ketten
- 2 schwere Ketten
- 2 leichte Ketten

S : Disulfid-Brücke

Beispiel für die Molekülstruktur der Immunglobuline am Beispiel von IgG
- CH: konstante Anteile der schweren Ketten
- VH: variable Anteile der schweren Ketten
- CL : konstante Anteile der leichten Ketten
- VL : variable Anteile der leichten Ketten

H: Heavy (schwer)
L: Light (leicht)

Spezifität von Iso-, Allo- und Idiotypen von IgG

Spezifität	Lokalisierung auf der Polypeptid-Kette	Antigenische Determinanten charakteristisch für	Beispiele
Isotypisch	Permanenter Teil der schweren Kette	Klasse	IgG, IgA, IgM, IgD, IgE
		Subklasse	γ1(G1), γ2(G2), γ3(G3), γ4(G4), α1, α2
	Permanenter Teil der leichten Kette	Typ	Kappa, Lambda
Allotypisch	Permanenter Teil der schweren Kette		Gm-System
	IgG : γG1		a, z (1,17) oder f, y (4,22)
	γG2		n (23)
	γG3		b (5) oder g (21)
	IgA : α2		Am2 +
	Permanenter Teil der Kappa-Leichtkette : ...... InV-System		
Idiotypisch	Variable Anteile an schweren und leichten Ketten	Charakterisiert das Produkt eines Klons	

Abb. 21

1. Identität der elektrischen Ladung

Die elektrophoretische Mobilität eines monoklonalen Immunglobulins ist einheitlich und führt daher zu einer schmalen Bande (Abb. 22a und 22b), die sich eindeutig von der polyklonalen unterscheidet, die als breite Bande in der γ-Globulin-Zone wandert.

Elektrophoretisches Profil mit einem monoklonalen Immunglobulin in der γ-Zone

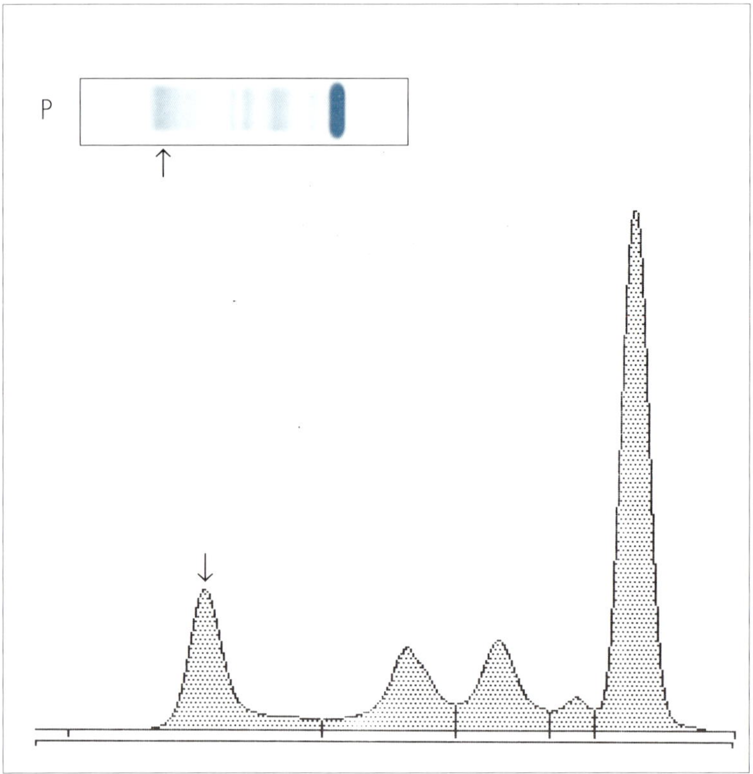

Abb. 22a

Das Ausmaß einer Hyper-γ-globulinämie ist kein verläßlicher Indikator, ob es sich eventuell um ein monoklonales Immunglobulin handelt. Einziger verläßlicher Laborparameter ist eine scharfe monoklonale Bande in der Elektrophorese.

Die Bande kann mitunter sehr schwach sein oder sogar fehlen, wenn das Molekulargewicht des Paraproteins so niedrig ist, daß es in den Nierenglomeruli nicht zurückgehalten wird, sondern diese passiert (zum Beispiel freie leichte Ketten).

Elektrophorese mit einem monoklonalen Immunglobulin in der α2-Zone

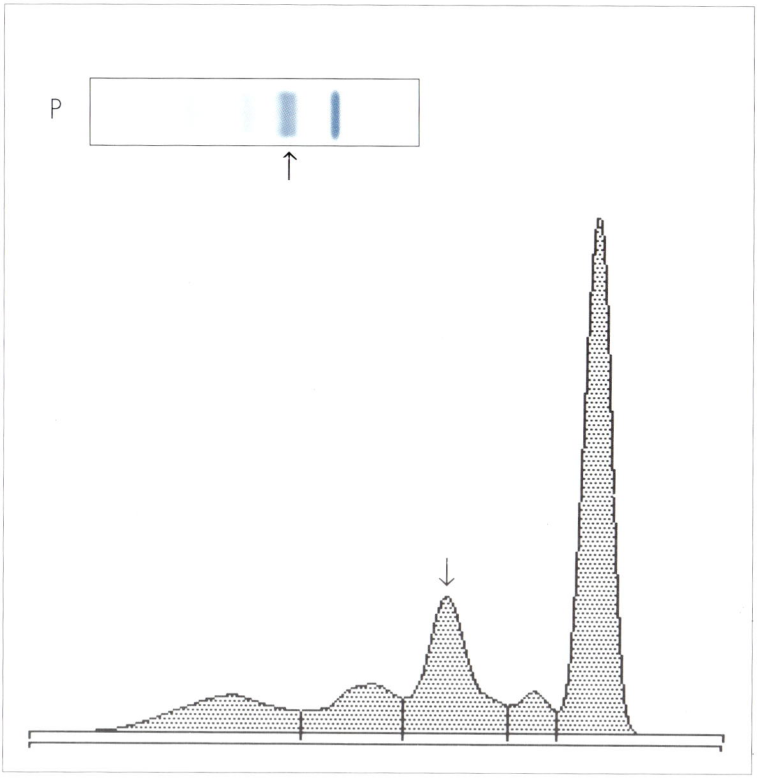

Abb. 22b

Bei anodischer Mobilität kann die Bande gelegentlich andere Proteine überdecken. Betroffen sind dann die ß-, die α2- und sehr viel seltener die α1-Zone.

2. Strukturelle Identität

Die Population eines monoklonalen Immunglobulins besteht aus nur einem Typus der schweren Kette und einer einzigen Klasse an leichten Ketten. Immunchemische Nachweise durch Immunelektrophorese oder Immunfixation basieren auf dieser strukturellen Identität.

3. Immunologische Identität

Alle monoklonalen Immunglobuline besitzen dieselben Determinanten, die als Iso-, Allo- und Idiotypen bezeichnet werden. Daher besitzen sie dieselbe Antikörper-Aktivität, die gelegentlich beobachtet wird bei:

- Autoantikörperaktivität: gerichtet gegen Erythrozytenantigene (I, i), Plasmaproteinantigene wie IgG (IgM-Typ), Lipoproteine (IgA-Typ), Gerinnungsfaktor VIII oder Fibrinmonomere (IgG-Typ) sowie gegen Gewebeantigene (Myelinglykoproteine), können sie gelegentlich pathologische Bedeutung haben.
- Heteroantikörperaktivität: Antistreptolysin-O-IgG oder Antiheparin-IgM.

Monoklonale Antikörper können untersucht werden im Serum, Urin (im Überschuß sezernierte Leichtketten als sogenanntes Bence-Jones-Protein, gelegentlich auch mit komplettem monoklonalem Immunglobulin assoziiert), auf der Membranoberfläche von Lymphozyten und sogar im Zytoplasma von Plasmazellen, wenn die letzteren den abnormen Klon bilden.

II. KLASSIFIZIERUNG MONOKLONALER GAMMOPATHIEN

1. Klassifizierung aufgrund immunchemischer Kriterien

1.1. Selektive Überproduktion vollständiger monoklonaler Immunglobuline (in etwa 95-97% aller Fälle)

Diese abnorme Biosynthese findet bei den Immunglobulinen G, A, und M und seltener bei Immunglobulin D oder E statt. Sie steht in Verbindung mit der Produktion eines malignen oder gutartigen Klons und kann in der elektrophoretischen Trennung meist klar als monoklonale Bande sichtbar gemacht werden.

1.2. Überproduktion monoklonaler freier Leichtketten (in etwa 3-5% aller Fälle)

Bei diesem Zustand wird eine übermäßige Zunahme der Biosynthese von freien Kappa- oder Lambda-Leichtketten ausgelöst. Dieser abnorme Befund kommt fast ausschließlich bei durchweg malignen Leichtketten-Plasmozytomen vor. Die monoklonale Bande fehlt bei der Serumelektrophorese im allgemeinen oder ist nur sehr schwach zu sehen, außer, wenn Polymere freier Leichtketten vorhanden sind, die wegen ihres Molekulargewichts die Glomeruli nicht passieren können.

Normalerweise wird gleichzeitig eine Hypo-γ-Globulinämie beobachtet, die die drei Immunglobulin-Klassen (IgG, IgA und IgM) betrifft.

1.3. Überproduktion strukturell abnormaler monoklonaler freier Schwerketten (sehr selten)

Dieser Typ der monoklonalen Gammopathie umfaßt freie α-, γ- oder μ-Schwerketten und ist als Schwerketten-Krankheit bekannt. Dieser Befund ist selten und mitunter mit malignen Erkrankungen verbunden. Die Diagnose ist schwierig, und das Muster in der Serumelektrophorese ist unbeständig.

Als Beispiel wird die Verteilung von Gammopathien (geordnet nach immunologischem Typus, Alter und Geschlecht der Patienten) aus dem Regional-Hospital von Nantes (Frankreich) gezeigt (Abb. 23 und Abb. 24). Es ist zu beachten, daß diese Verteilung geographischen Schwankungen unterworfen sein kann.

Prozentuale Verteilung von 2200 monoklonalen Gammopathien aus Untersuchungen des Regional-Hospitals von Nantes zwischen 1985 und 1990 nach Immunglobulin-Klasse und Typus der leichten Kette

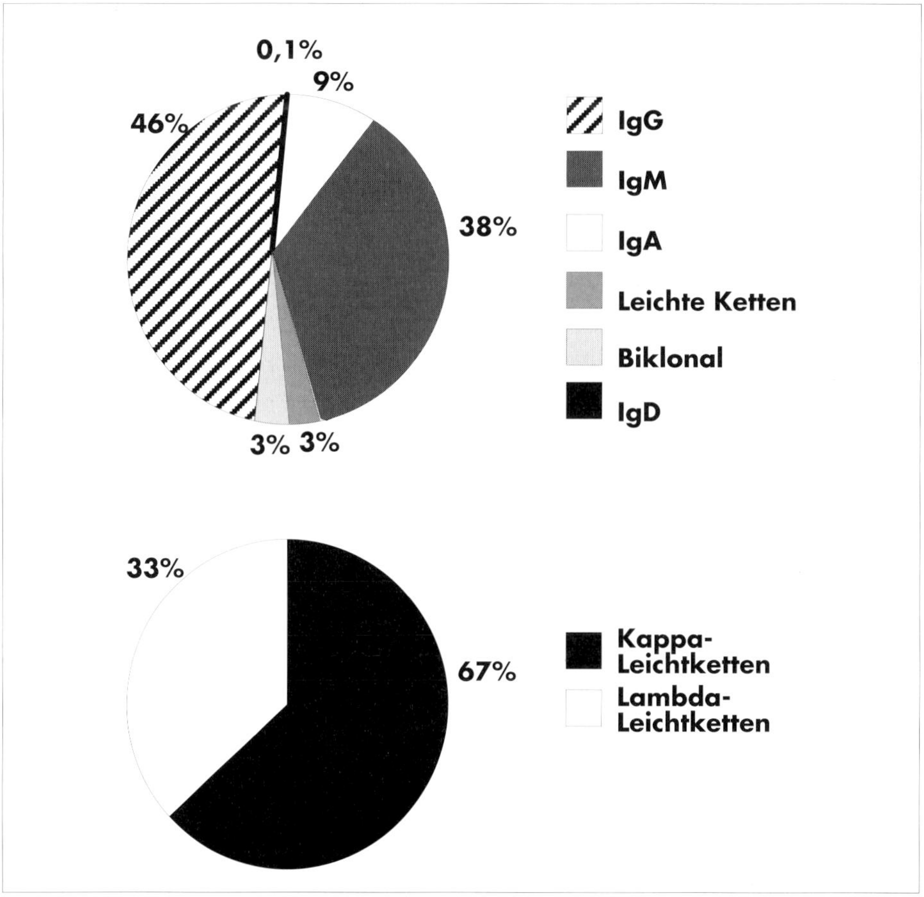

Abb. 23

Prozentuale Verteilung von 2200 monoklonalen Gammopathien aus Untersuchungen des Regional-Hospitals von Nantes nach Geschlecht und Alter der Patienten

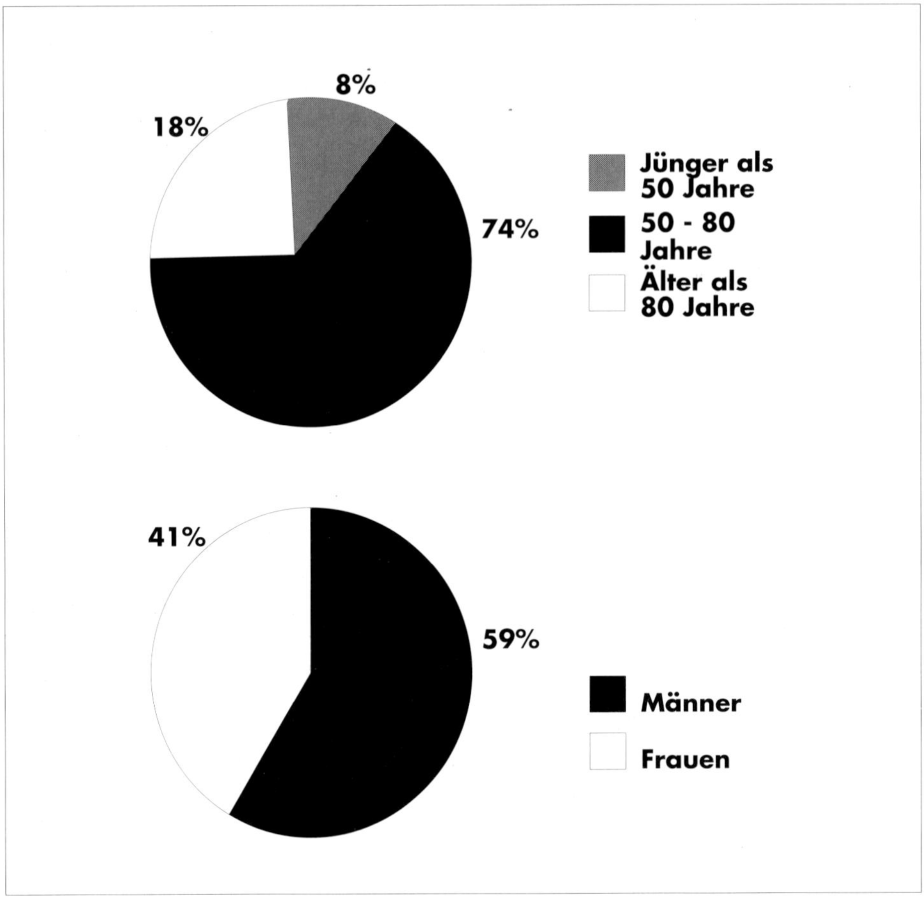

Abb.

2. Klassifizierung aufgrund klinischer Kriterien

2.1. Maligne monoklonale Gammopathien

- Immunglobulin G-, IgA- und Leichtketten-Myelom
- Seltener Immunglobulin D- oder E-Myelom
- Immunglobulin M: Morbus Waldenström
- α-, γ- und μ-Schwerketten-Krankheit

Das monoklonale Immunglobulin dient in diesen Fällen als Tumormarker zur Diagnose der Erkrankung sowie zur Verlaufskontrolle.

2.2. Monoklonale Gammopathien unbestimmter Signifikanz (MGUS)

Sie umfassen die Immunglobuline G und M, seltener auch Immunglobulin A. Zwei Arten lassen sich unterscheiden, wobei das Paraprotein hier nicht als Tumormarker zu bezeichnen ist:

- Monoklonale Gammopathien in Verbindung mit malignen oder gutartigen Tumoren, bei jungen und älteren Patienten
- Idiopathische monoklonale Gammopathien bei älteren Patienten, zumeist asymptomatisch.

III. STUFENDIAGNOSTIK ZUR BIOCHEMISCHEN IDENTIFIKATION MONOKLONALER IMMUNGLOBULINE

Art des Untersuchungsmaterials

Zur elektrophoretischen Analyse monoklonaler Immunglobuline wird eine Serumprobe verwendet. Plasma ist ungeeignet, weil das darin enthaltene Fibrinogen bei der Elektrophorese eine monoklonale Bande vortäuscht. Das Einfrieren der Probe wird nicht empfohlen, weil Immunglobulin M unter diesen Bedingungen instabil ist. Soll Kryoglobulin untersucht werden, muß die Probe nach der Entnahme bis zur Zentrifugation permanent bei 37 °C gehalten werden, sowohl beim Transport als auch beim Gerinnungsvorgang, denn dieses Protein kann schon bei Raumtemperatur ausfallen.

Zu jeder Serumprobe soll gleichzeitig eine Urinprobe abgeliefert werden.

Die Doppelrolle des Laboratoriums

- Diagnose und Therapiekontrolle bei malignen monoklonalen Erkrankungen
- Verlaufskontrolle von monoklonalen Gammopathien unbestimmter Signifikanz.

Die verschiedenen Stufen der Serumproteindiagnostik sind in Abb. 25 zusammengefaßt.

Der Ablauf einer Proteinuntersuchung am Beispiel von monoklonalem Immunglobulin

1. SERUMANALYSE	* GESAMTEIWEIßBESTIMMUNG UND ELEKTROPHORESE (Nachweis von monoklonalem Immunglobulin)
	* QUANTIFIZIERUNG DES SERUM-IMMUNGLOBULINS (aus der auch mitunter die Immunglobulin-Klasse hervorgeht)
	* IMMUNFIXATION ODER IMMUNELEKTROPHORESE (zur Bestimmung des immunchemischen Typs)
2. URINANALYSE	* URINEIWEIßBESTIMMUNG UND ELEKTROPHORESE (Zum Nachweis von Bence-Jones-Proteinen)
	* IMMUNFIXATION ODER IMMUNELEKTROPHORESE (zur Bestimmung der Natur des Bence-Jones-Proteins und von monoklonalem Immunglobulin, wenn im Urin vorhanden)
3. ERGÄNZENDE UNTERSUCHUNGEN	* UNTERSUCHUNG AUF KRYOGLOBULINE
	* QUANTIFIZIERUNG VON ß2-MIKROGLOBULIN
	* QUANTIFIZIERUNG DES C-REAKTIVEN PROTEINS

Abb. 25

Falls keine anderen klinischen Symptome vorliegen, sollte der Nachweis eines Paraproteins zunächst nach drei Monaten und dann alle sechs bis zwölf Monate durch eine Nachuntersuchung bestätigt werden.

Klinische Information ist erforderlich

Das Labor benötigt unbedingt die Ergebnisse klinischer Untersuchungen, damit die biologischen Untersuchungen zielgerichteter durchgeführt werden können. Das gilt vor allem dann, wenn Proteinanomalien nicht leicht zu entdecken sind (z.B. Leichtketten-Myelom).

1. Proteinanalyse

Screening-Verfahren für den Nachweis monoklonaler Komponenten

1.1. Gesamteiweißbestimmung im Serum und im Urin

Diese Basismethoden sind zwar nicht spezifisch, aber sie weisen auf Gammopathien hin, wenn eine Hyperproteinämie oder eine signifikante Proteinurie in Abwesenheit einer Nierenfunktionsstörung vorliegt.

• Im Serum:

Für die Gesamteiweißbestimmung wird normalerweise der Biuret-Test verwendet. Die Eiweißkonzentration bei Myelomen oder beim Morbus Waldenström liegt oft sehr hoch (sie übersteigt manchmal 100 g/l); wird die Diagnose jedoch frühzeitig gestellt, kann die Proteinmenge mitunter normal oder sogar subnormal sein.

Bei monoklonalen Gammopathien unbestimmter Signifikanz ist die Eiweißmenge häufig normal, beim Leichtketten-Myelom wird meist eine Hypoproteinämie beobachtet.

• Im Urin:

Die Eiweißkonzentration im Urin hat ohne zusätzliche Information wenig Aussagekraft. Sie muß durch die qualitative elektrophoretische Untersuchung der Urinproteine ergänzt werden. Die Verwendung von Teststreifen und anderen Nachweismethoden kann zu falsch-negativen Befunden führen, falls freie Leichtketten im Urin vorherrschend sind.

1.2. Celluloseacetat- oder Agarose-Elektrophorese von Serum und Urin

• Elektrophorese von Serumproteinen

Der Nachweis von monoklonalem Immunglobulin erfordert eine Elektrophorese mit einer guten Auflösung. In der Routine wird sie entweder mit Celluloseacetat oder Agarose als Trägermedium durchgeführt (s. Kapitel 1).

- Elektrophoretische Analyse von Urin

Die Untersuchung auf Bence-Jones-Protein, das vor allem aus freien Kappa- oder Lambda-Leichtketten-Dimeren besteht, muß mit einer Urin-Elektrophorese vorgenommen werden. Ob es erforderlich ist, den Urin vorher zu konzentrieren, ist der Bedienungsanleitung des verwendeten Kits zu entnehmen. Der früher verwendete Hitzetest sollte aufgrund mangelnder Empfindlichkeit aufgegeben werden, da nur in einem Drittel aller Fälle Bence-Jones-Proteine nachgewiesen werden können. Mit Teststreifen werden bei geringer Proteinurie viele Proben als falsch-negativ befundet, selbst wenn die Elektrophorese einen 90%-igen Anteil an Leichtketten ergibt.

Für die Diagnose von Leichtketten-Myelomen ist es unbedingt erforderlich, Bence-Jones-Proteine nachzuweisen, weil sich in der Serum-Elektrophorese häufig keine monoklonale Bande findet.

1.3. Quantifizierung von Paraproteinen im Serum

Die Quantifizierung von monoklonalem Immunglobulin (durch radiale Immundiffusion, Turbidimetrie oder Nephelometrie) ist fast immer mit einem "Überschuß-Fehler" verbunden, der durch das überschüssige Antigen im Nachweissystem zustandekommt. Um dieses Problem zu vermeiden, kann zur Messung subklassenspezifisches Antiserum verwendet werden.

Wenn ein monoklonales Immunglobulin eindeutig identifiziert ist, besteht die einzige zuverlässige Quantifizierung in der elektrophoretischen Auftrennung mit anschließendem densitometrischem Scannen des Gels. Das gilt natürlich nicht für polyklonale Immunglobuline, bei denen die immunchemische Quantifizierung das geeignetste Verfahren darstellt.

Die Quantifizierung von Immunglobulinen unterscheidet nicht zwischen monoklonalen und polyklonalen Immunglobulinen derselben Klasse.

1.4. Quantifizierung des nicht-monoklonalen physiologischen Anteils der Immunglobuline

Die Quantifizierung des verbleibenden nicht-monoklonalen Immunglobulinanteils ist unabdingbar für die Prognose und Verlaufskontrolle bei Paraproteinämie.

Sie ermöglicht, einen Mangel der anderen Immunglobuline zu erkennen und kann daher auf die maligne Natur einer Gammopathie aufmerksam machen. Die gemessenen Werte können vor Infektionen warnen, die ein Risiko für den Patienten darstellen, falls der physiologische Immunglobulinanteil (Antikörper, die die humorale Immunantwort vermitteln) supprimiert ist.

1.5. Untersuchung des Kappa/Lambda-Verhältnisses

Seit 1986 ist es möglich, durch die Messung von gebundenen und freien Leichtketten eine überschüssige Leichtkettenproduktion nachzuweisen, wenn das Kappa/Lambda-Verhältnis außerhalb der normalen Grenzen ist. Dadurch wird die Typisierung monoklonaler Immunglobuline (als Zusatzinformation zur Quantifizierung von IgG, IgA und IgM) sehr erleichtert, wenn diese in gewissen Mengen vorliegen. Wenn die Konzentration des monoklonalen Anteils allerdings niedrig ist, kann das Verhältnis Kappa/Lambda normal sein, was zu einem falsch-negativen Resultat führt.

1.6. Immunelektrophorese oder Immunfixation im Serum oder im Urin

Diese Methoden ermöglichen, die beteiligte(n) Komponente(n) als IgG, IgA, IgM oder freie Leichtketten zu identifizieren sowie die Typisierung der leichten Kette, die mit dem nachgewiesenen Immunglobulin assoziiert ist. Diese Methode ist allerdings nur qualitativ.

• Immunelektrophorese

Als Ergebnis einer Immunelektrophorese erhält man bogenförmige Banden, deren Interpretation auf ihren morphologischen Eigenschaften beruht (Abb. 26).

Immunelektrophorese

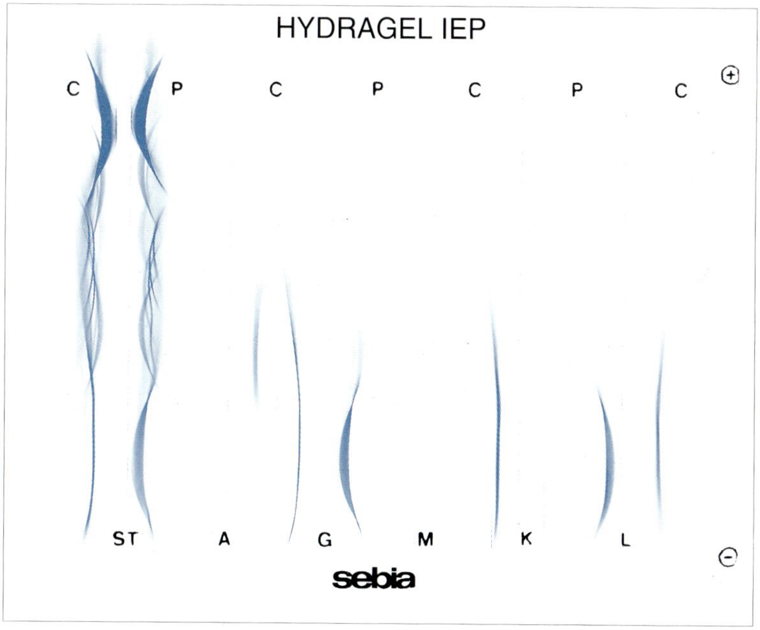

P : Patientenserum
C : Kontrollserum

Monoklonale IgG Lambda-Gammopathie

Abb. 26

Für die Untersuchung von monoklonalem IgM ist die Reduzierung mit Mercaptoethanol erforderlich, um die Disulfid-Brücken aufzubrechen, mit denen die IgM-Monomere untereinander verbunden sind. Nur so läßt sich der verzogene Bogen der leichten Kette nachweisen. Diese Vorsichtsmaßnahme ist bei der Immunfixation unnötig, weil bei dieser Methode kein "Schirm-Effekt" erzeugt wird.

- Immunfixation

Die Immunfixation führt zu homogenen Banden (Abb. 27), die sich viel leichter als bei der Immunelektrophorese interpretieren lassen. Die Immunfixation ist leicht durchzuführen, und die Ergebnisse liegen innerhalb von ein bis zwei Stunden vor. Sie bietet viele weitere Vorteile, wie gute Empfindlichkeit, einfache Interpretation (vor allem bei biklonalen oder oligoklonalen Anomalien), auch bei Antigen-Überschuß.

Immunfixation

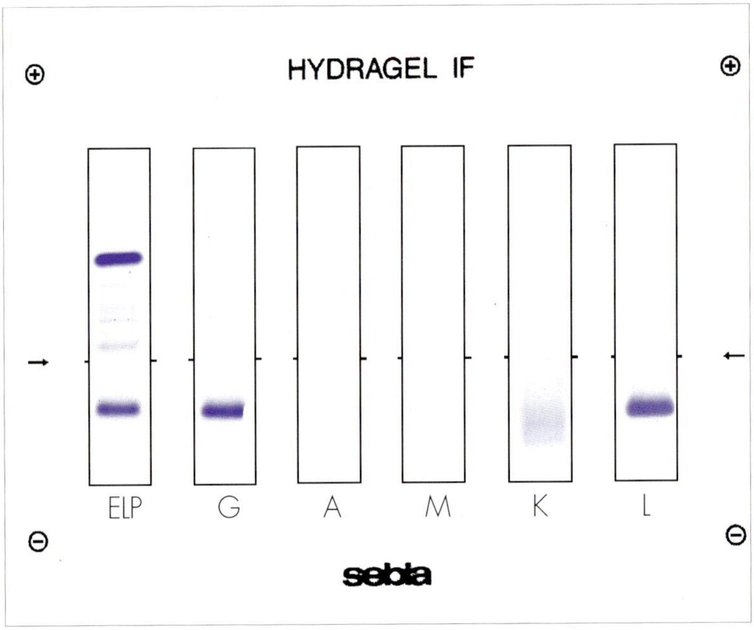

Monoklonale IgG Lambda-Gammopathie (identisches Serum wie in Abb. 26)

Abb. 27

1.7. Andere Typisierungsmethoden ohne Routineanwendungen

Immunoblotting (mit enzymatischer Visualisierung), zweidimensionale Immunelektrophorese, Immunelektrofokussierung und Immunselektion sind gutentwickelte und sehr sensitive Methoden, aber dennoch schwierig in der Durchführung. Daher werden sie in Routinelabors nur sehr selten angewendet.

Die Abbildungen 28 und 29 zeigen eine Zusammenfassung der Analysen bei Gammopathien im Serum und im Urin.

Untersuchung des Serums auf Paraprotein

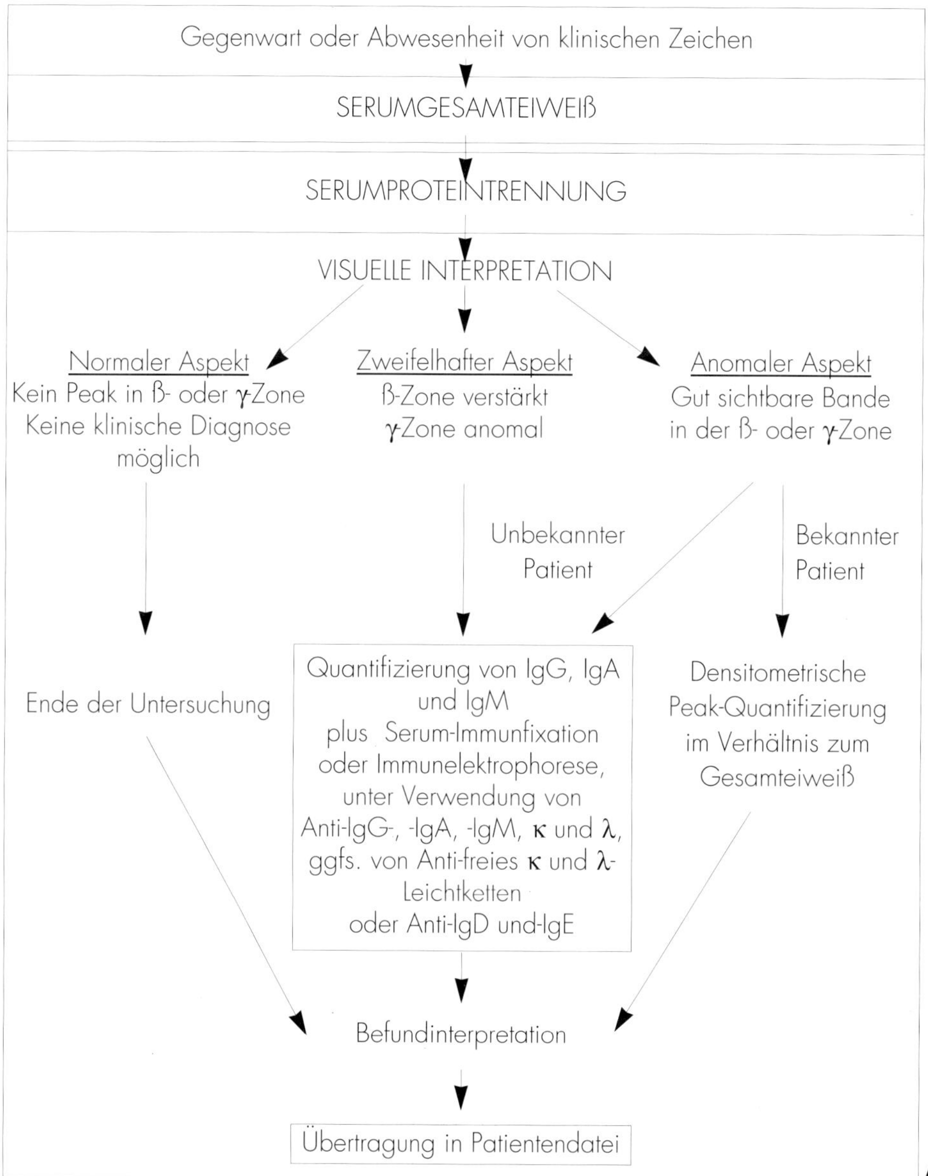

Abb. 28

Untersuchung des Urins auf Paraprotein

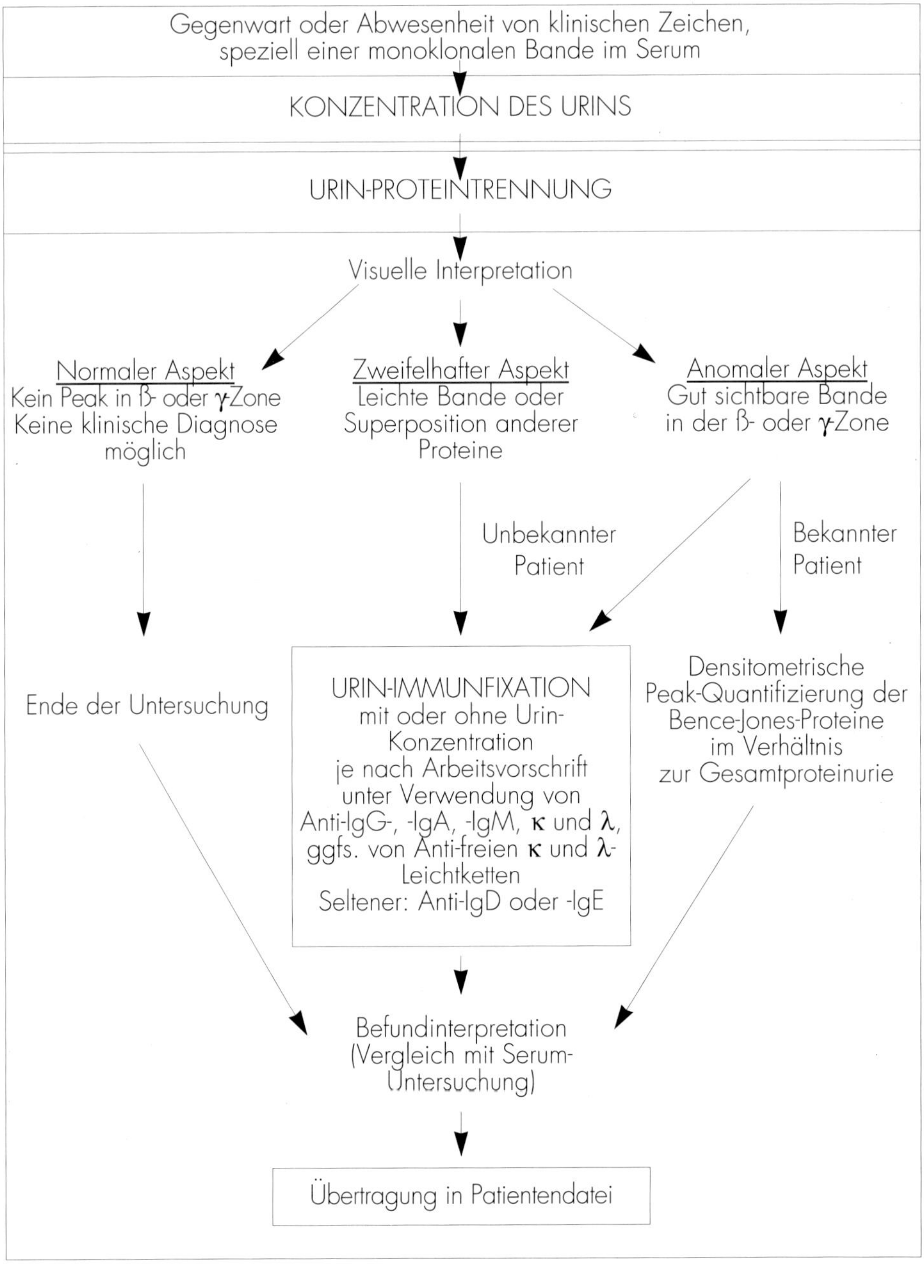

Abb.

2. Ergänzende Methoden

2.1. Blutsenkungsgeschwindigkeit

Die BSG ist ein Indikator für Störungen des Proteingleichgewichts. Bei malignen Gammopathien ist sie normalerweise erhöht (100 mm in der ersten Stunde). Dieser Test ist aber unspezifisch; anomale Ergebnisse können auch auf Entzündungsprozesse oder deutliche polyklonale Hyper-γ-Globulinämie zurückzuführen sein.

In den folgenden drei Fällen ist die Sedimentationsrate normal: Leichtketten-Myelom, nicht-sezernierendes Myelom, monoklonales Immunglobulin mit Kryoglobulin-Charakter.

2.2. Biochemische Standard-Tests

- Hyperkalziämie und Hyperkalziurie können beim Plasmozytom durch Osteolysen regelmäßig beobachtet werden.
- Die komplette nephrologische Abklärung ergibt bei bereits eingetretener Niereninsuffizienz eine Erhöhung des Kreatinins.

2.3. ß2-Mikroglobulin

Jeder Anstieg des ß2-Mikroglobulins als Marker der plasmazellulären Proliferation muß immer in Bezug zur Nierenfunktion interpretiert werden. Mit der ß2-M-Bestimmung kann die Tumormasse unter der Therapie abgeschätzt werden, auch wird ß2-M zur Beurteilung der Prognose des Morbus Kahler herangezogen. Die Quantifizierung von ß2-Mikroglobulin ist speziell dann hilfreich, wenn andere Marker fehlen (z.B. beim Leichtketten- oder beim nicht sezernierenden Myelom).

2.4. CRP

Bei Multiplen Myelomen wird Interleukin 6 (IL6) von der Mikroumgebung des Tumors in großen Mengen synthetisiert. Es ist ein essentieller Faktor für die Proliferation der Myelom-Zellen. IL6 stimuliert auch die Syntheserate von CRP (C-reaktivem Protein), die ein zuverlässiges Kriterium für den Therapieerfolg ist, vor allem aber ein Warnzeichen für einen drohenden Schub eines Myeloms während der Remissionsphase.

2.5. Nachweis, Quantifizierung und Typisierung monoklonaler Kryoglobuline

Einige monoklonale Immunglobuline präzipitieren bei niedrigen Temperaturen, entweder indem sie sich untereinander als monoklonale Kryoglobuline formieren (Typ I), oder, indem sie sich mit anderen Serum-Immunglobulinen zu gemischten Kryoglobulinen assoziieren (Typ II). Etwa 10 % der monoklonalen Immunglobuline, die bei Myelomen oder lymphoproliferativen Syndromen entstehen, sind Kryoglobuline. Mitunter können sie als Gel (Kryogelglobuline) oder seltener kristallin (Kryokristallglobuline) auftreten; bei 37 °C lösen sie sich wieder auf.

Die Blutprobe muß dem Labor bei einer konstanten Temperatur von 37 °C übermittelt werden. Unmittelbar nach der Trennung muß das Serum bei 4 °C gelagert und mindesten eine Woche lang regelmäßig beobachtet werden. Jedes Auftreten eines Präzipitats beim Schütteln des Probenröhrchens weist auf das Vorhandensein von Kryoglobulinen im Serum hin. Die Gegenwart von Kryoglobulinen wird durch die Reversibilität der Präzipitation (Wiederauflösen bei 37 °C) bestätigt.

Die Kryoglobulin-Menge wird bestimmt, indem die Differenz von IgG, IgA und IgM bei 37 °C und der Immunglobulin-Menge im abzentrifugierten Überstand bei 4 °C bestimmt wird.

Das Kryopräzipitat wird nach mehrfachem Waschen in physiologischer Kochsalzlösung bei 4 °C isoliert.

Für die Typisierung der Kryoglobuline wird das 4 °C-Präzipitat einer Immunelektrophorese oder Immunfixation unterzogen: es handelt sich entweder um Typ I (monoklonales Immunglobulin; Abb. 30a und 30b) oder Typ II (monoklonales Immunglobulin, das mit einem oder mehreren polyklonalen Immunglobulinen assoziiert ist). Für die Typisierung müssen häufig vorher die Disulfid-Brücken mit ß-Mercaptoethanol aufgebrochen werden. In seltenen Fällen kann bei der Analyse einer Dysglobulinämie Kryoglobulin vom Typ III (polyklonale Immunglobuline) nachgewiesen werden.

Das Auftreten von Kryoglobulinen ist nicht spezifisch für monoklonale Gammopathien, sondern kann auch bei vielen anderen Krankheiten beobachtet werden, z.B. bei Autoimmunkrankheiten.

Präsenz von Kryoglobulin

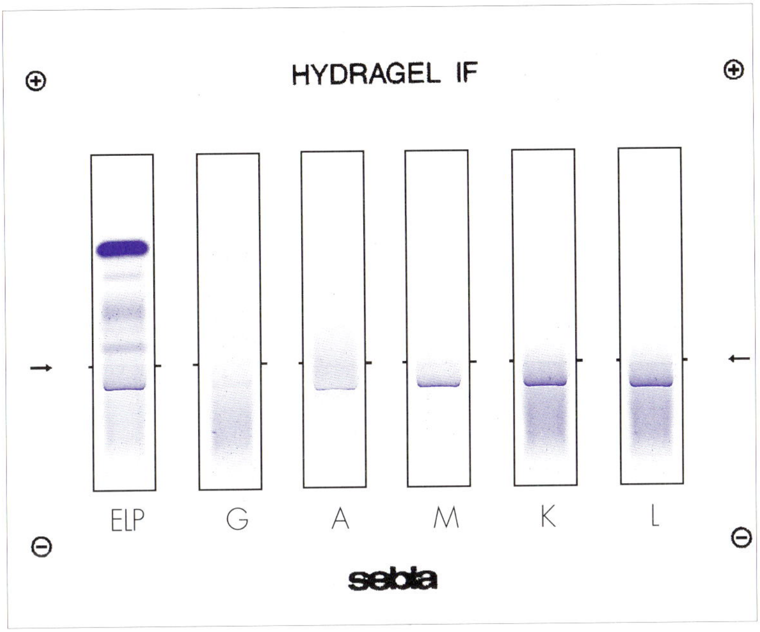

Proben ohne ß-Mercaptoethanol-Behandlung: auf allen Bahnen sind Präzipitate an der Auftragstelle zu erkennen.

Abb. 30a

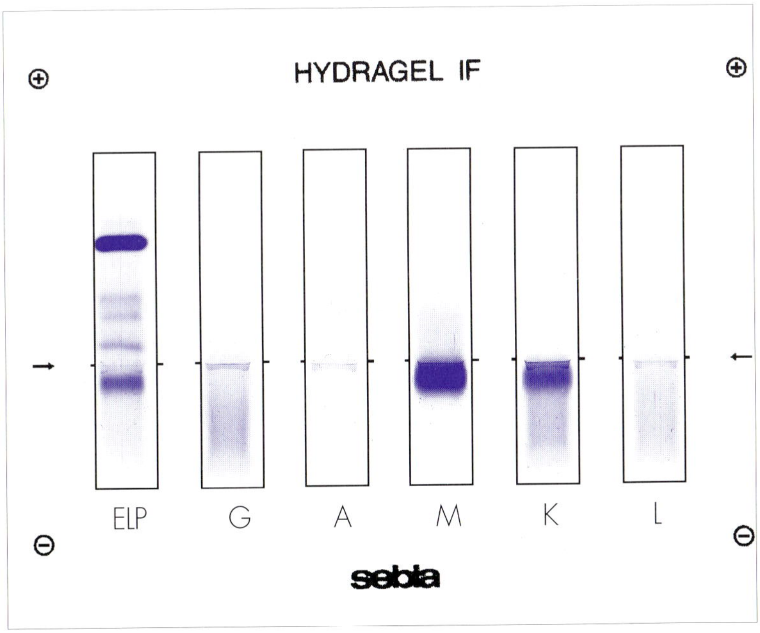

Die Proben wurden mit ß-Mercaptoethanol reduziert: IgM Kappa-Kryoglobulin wird korrekt typisiert (nach der Isolierung des Kryopräzipitats)

Abb. 30b

IV. GRENZEN DER METHODEN UND PROBLEME BEI DER INTERPRETATION

1. Beschränkungen der Gesamteiweißbestimmung im Serum

Albumin und Globuline können beim Biuret-Test in Abhängigkeit von der verwendeten Methode (Kinetik oder Endpunkt) unterschiedlich reagieren. In Gegenwart eines monoklonalen Immunglobulins wird dieser Effekt sogar noch verstärkt. Der analytische Fehler ist seiner Menge proportional, und das Ergebnis kann sich um mehr als 10 g/l unterscheiden, wenn verschiedene Methoden und Geräte eingesetzt werden.

2. Beschränkungen der Gesamteiweißbestimmung im Urin

Bence-Jones-Proteine können mit Teststreifen und einigen nichtkolorimetrischen Methoden nicht nachgewiesen werden, so z.B. mittels Turbidimetrie unter Verwendung von Sulfosalicyl- oder Trichloressigsäure. Hierbei wird die Globulinmenge zu niedrig ermittelt, und freie Leichtketten, die im Urin nur in geringer Konzentration vorhanden sind, können nicht nachgewiesen werden.

3. Probleme bei der Elektrophorese

Verschiedene Anomalitäten können bei Serum- oder Urin-Elektrophoresen eine monoklonale Bande vortäuschen.

<u>3.1. Serum-Elektrophorese</u>

- α2-Globulin-Zone
  - Schwere entzündliche Krankheiten, bei denen Haptoglobin in hohen Mengen vorliegt, in diesem Fall aber zusätzlich mit Hyper-α1-Globulinämie.
  - Nephrotisches Syndrom, mit reaktiver hoher Konzentration an α2-Makroglobulin, eventuell mit zusätzlichem Proteinverlust.

- ß-Globulin-Zone
  - Stark (sichtbar) hämolytisches Serum: Die Migration von freiem Hämoglobin in der ß-Zone verstärkt den Anteil dieser Fraktion, während die Hämoglobin-Haptoglobin-Komplexe eine Extrabande in der α2-Zone erzeugen.

- Nicht-monoklonale Hyper-ß-Globulinämie: Zunahme von Transferrin (Anämie), des isolierten C3 (Cholestase) oder von ß-Lipoprotein (hohe Apo-B-Konzentration bei Störungen des Lipidstoffwechsels). Dadurch wird die ß-Globulinzone so verstärkt, daß eine artifizielle relative Hypo-γ-Globulinämie resultiert. Unter diesen Voraussetzungen müssen zusätzlich das Alter des Patienten und die klinische Information (notfalls durch Rückfragen) in Betracht gezogen werden.

- γ-Globulin-Zone (Plasma-Immunfixation, Abb. 31c)
  - Serum, welches in Plastikröhrchen gesammelt wurde und durch verzögerte Gerinnung Fibrinogen enthält oder von Patienten mit Heparinbehandlung stammt, muß nach Thrombinbehandlung und Zentrifugation erneut getestet werden.

Rest-Fibrinogen im Serum, das eine monoklonale Bande vortäuscht

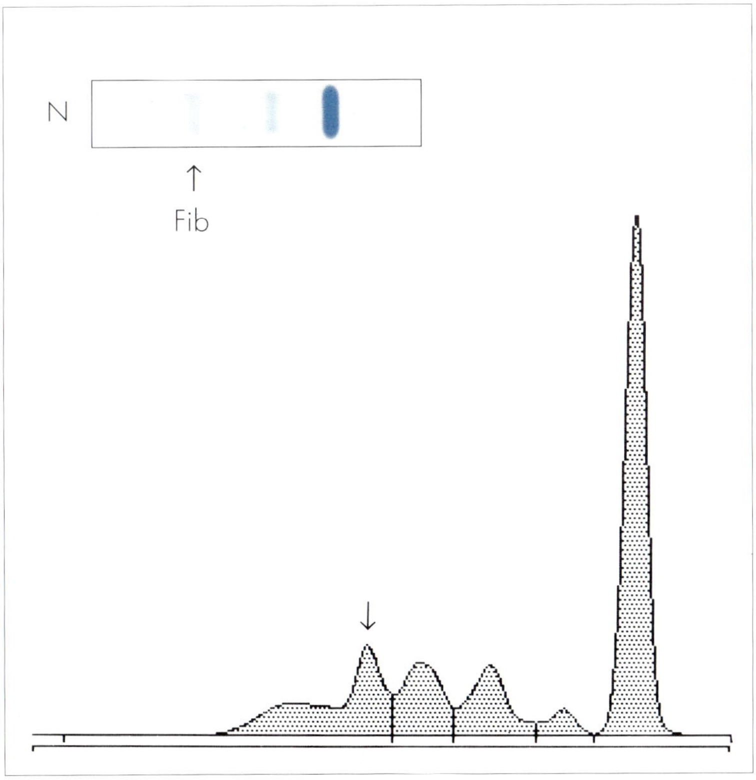

Vor Behandlung des Serums mit Thrombin

Abb. 31a

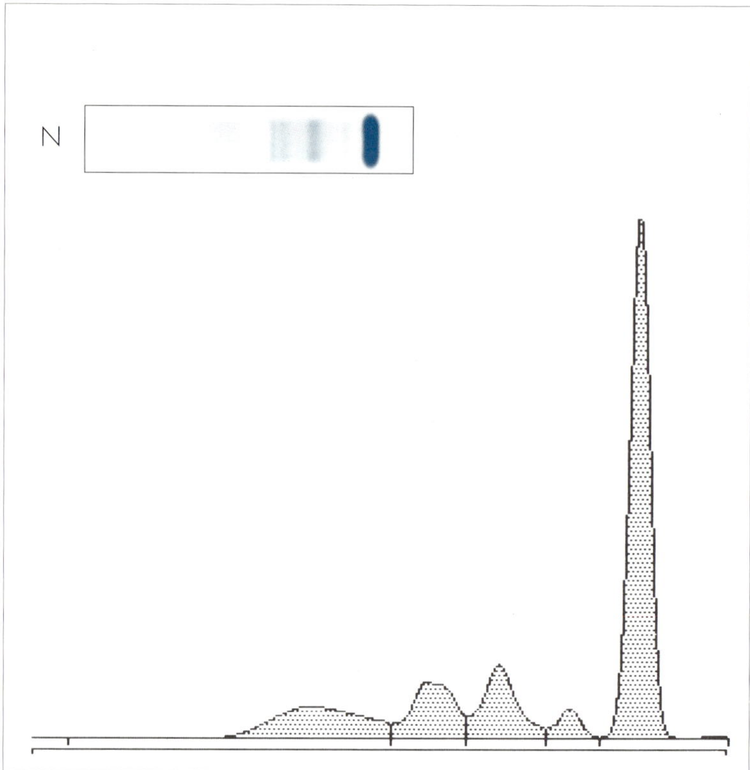

Nach Behandlung des Serums mit Thrombin

Abb. 31b

Immunfixation von Normalplasma

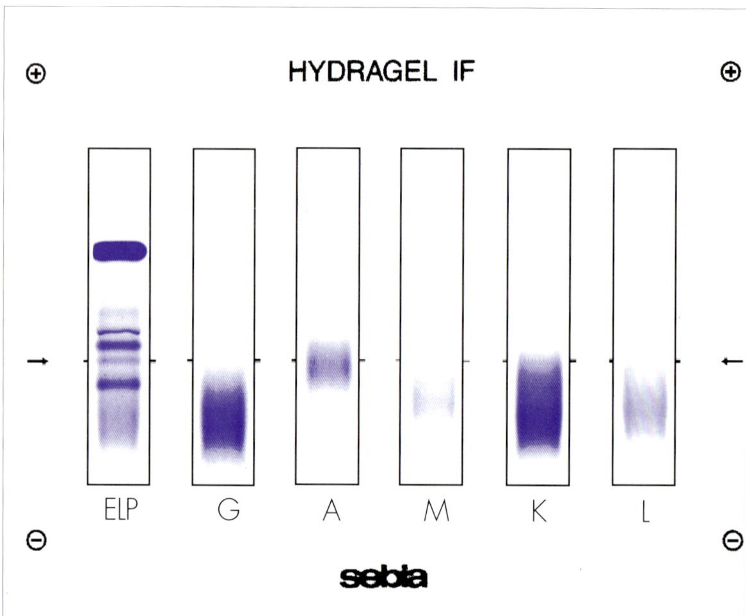

Anomale Bande in der ß-Zone der Kontroll-Elektrophorese; keine Anomalität in den Bahnen G, A, M, κ und λ

Abb. 31c

3.2. Urin-Elektrophorese

- ß-Globulin-Zone
  - Eine signifikante Hämoglobinurie oder Myoglobinurie kann ein Bence-Jones-Protein vortäuschen, jedoch kann die Verfärbung des Urins mit bloßem Auge erkannt werden; außerdem reagiert in beiden Fällen der Hämoglobin-Bereich des Teststreifens.
  - Polyklonale freie Kappa- und Lambda-Ketten können bei Störungen der Nierentubuli gefunden werden. Beide Typen liegen in geringer Konzentration vor, und die γ-Globulin-Zone der Elektrophorese ist diffus (im Gegensatz zu Bence-Jones-Proteinen keine distinkte Bande).

4. Probleme bei der Quantifizierung von Immunglobulinen

- Wiederauflösen des monoklonalen Immunglobulins im Antigenüberschuß, wenn es in sehr hoher Konzentration vorliegt. Bei modernen Techniken wird dieses Problem zunehmend eliminiert.
- Die Quantifizierung von Immunglobulinen setzt im Falle von Kryoglobulinen (z.B. IgM bei Morbus Waldenström) voraus, daß die Probe bei konstanten 37 °C transportiert und aufbewahrt wurde, so daß die Proteine nicht präzipitiert werden.
- Es ist auf eventuelles monoklonales IgD oder IgE zu achten, wenn eine monoklonale Bande in Verbindung mit Hypo-γ-Globulinämie erscheint.

5. Probleme bei der Typisierung monoklonaler Immunglobuline

- Vollständiges Wiederauflösen des Bogens bei der Immunelektrophorese, wenn Antigen im Überschuß vorliegt. Da dieses Problem bei der Immunfixation nicht auftritt, bleiben die sichtbaren Banden interpretierbar (eine intensive Bande mit Entfärbung des Bandenzentrums).

Kapitel 3

PROTEINDIAGNOSTIK DES MULTIPLEN MYELOMS

Myelome sind häufig mit dem Auftreten eines monoklonalen Immunglobulins im Serum assoziiert.

Eine oder mehrere Banden variabler Intensität treten im elektrophoretischen Muster des Patienten auf und bestätigen die klinische Diagnose oder regen zumindest zur klinischen Überprüfung an. Eine schwache Bande in der γ-Globulin-Zone kann bei Patienten mit Multiplem Myelom vor allen klinischen Symptomen erscheinen, so daß ihre Identifikation für das Erkennen des frühen Krankheitsstadiums essentiell ist.

Abgesehen vom nicht-sekretorischen Myelom gibt es verschiedene pathologische Myelom-Typen. Sie sind durch das Auftreten eines Paraproteins im Serum und/oder Urin gekennzeichnet, welches zwei Formen annehmen kann :

- Vollständiges Immunglobulin:
  - IgG, IgA, IgM
  - in selteneren Fällen IgD oder IgE
  - biklonale Typen

Beim letzteren Typus kann man durch Serum-Immunfixation sowohl vollständige monoklonale Immunglobulin-Moleküle als auch durch Überschuß-Synthese freie leichte Ketten desselben Typs nachweisen, insbesondere bei Patienten mit Niereninsuffizienz.

- Freie Kappa- oder Lambda-Leichtketten

I. DIE ANALYSE VON SERUM-PROTEINEN

1. Myelome, deren Paraprotein ein vollständiges Immunglobulin-Molekül ist

1.1. Die Gesamteiweißmenge und Anomalien im Plasma-Elektrolyt-Muster

Manchmal liegt eine Hyperproteinämie mit Proteinkonzentrationen oberhalb von 80 g/l, ja sogar bis zu 120 g/l oder gar 130 g/l vor, die zu einer falschen Hyponatriämie und einer parallelen Abnahme der Anionen im Plasma-Elektrolytmuster führt (in diesem Fall besteht ein Liter Plasma eben nicht mehr aus ca. 930 g Wasser plus 70 g Eiweiß). Dasselbe gilt für signifikante Hyperlipidämie und für parenterale Zufuhr von makromolekularen Lösungen.

Der korrigierte Natriumwert pro Liter Plasma wird mit der folgenden Formel errechnet:

$$\text{Korrigiertes Na [mmol/l]} = \frac{\text{Na [mmol/l]} \times 100}{1000 - (\text{Proteine [g/l]} + \text{Lipide [g/l]})}$$

Der Normwert würde ca. 152 mmol/l Plasmawasser betragen, wenn man 143 mmol/l im Plasma gemessen hat und keine Hyperproteinämie und keine Hyperlipidämie vorliegt.

Eine Hyperkalziämie tritt häufig assoziiert mit intensiver Knochenresorption auf, deren Ursache in der Ausschüttung verschiedener Lymphokine besteht, durch die Osteoklasten aktiviert werden, und die daher auch als O.A.F. (Osteoklasten-Aktivierende Faktoren) bekannt sind. Eine Hyperkalziurie tritt normalerweise begleitend auf. Durch die Einbeziehung der Gesamteiweißbestimmung läßt sich der Calciumwert bei ausgeprägten Gammopathien jedoch nicht korrigieren, da das eiweißgebundene Calcium vorwiegend mit Albumin assoziiert ist.

Eine Hyperkalziämie kann daher durch eine Hypoalbuminämie, die häufig bei Myelomen gefunden wird, sogar maskiert werden.

Ein deutlicher Anstieg der BSG kann insbesondere bei IgG- oder IgA-Myelomen festgestellt werden. Hyperviskosität und Hypervolämie sind seltener als bei Morbus Waldenström.

1.2. Immunglobulin-Proteinämie und -Anomalie

Meist tritt in der ß- oder γ-Zone eine intensive monoklonale Bande auf, seltener aber in der α2- oder der α1-Zone (monoklonaler Immunglobulin-Albumin-Komplex), ohne daß der Typ des Immunglobulins vorherzubestimmen ist. Es kann sich hier sowohl um IgG als auch um IgA handeln, seltener um IgD oder IgE.

Bei der Elektrophorese können zwei monoklonale Banden unterschiedlicher Breite auftreten, die sich fünf verschiedenen Gruppen zuordnen lassen:

- Monoklonales IgA in Form von Mono- und Polymeren. Nach Behandlung mit Mercaptoethanol verbleibt nur eine einzige Bande.
- Monoklonales IgG, das heterogenen Polymorphismus zeigt, mit zwei Untereinheiten, deren elektrische Ladung sich geringfügig voneinander unterscheidet.
- Zwei IgG- oder IgA-Moleküle mit identischer leichter Kette, aber mit einer schweren Kette aus unterschiedlichen Unterklassen (IgG1, IgG2, IgG3 und IgG4 bei IgG und IgA1 bzw. IgA2 bei IgA).
- Überschuß-Produktion von freien Immunglobulin-Leichtketten, die im Serum gleichzeitig mit ganzem monoklonalem IgA oder IgG vorkommen.
- Biklonale Gammopathie, bei der das monoklonale Immunglobulin mit einem anderen monoklonalen Immunglobulin assoziiert ist, das entweder dieselbe schwere Kette, aber eine andere leichte Kette hat, oder aber mit einem anderen monoklonalen Immunglobulin mit einer anderen schweren Kette assoziiert ist.

In den letzten vier Fällen bleibt die Doppelbande nach Behandlung des Serums mit Mercaptoethanol bestehen.

1.3. Quantifizierung von Immunglobulinen

Die Quantifizierung der Immunglobuline ist sinnvoll, um die Natur des monoklonalen Immunglobulins vorherzusagen.

Zugleich weist sie auf eine eventuelle Verminderung der verbleibenden Immunglobuline hin, die häufig beim Myelom gefunden wird, wo die Synthese der polyklonalen Immunglobuline durch Plasmafaktoren supprimiert ist. Diese humorale Immunschwäche ist die Ursache von häufigen Infektionen.

Die Gegenwart einer schwachen monoklonalen Bande in Verbindung mit globaler Hypo- γ-Globulinämie bei der klinischen Diagnose eines Myeloms kann als Indiz für ein Leichtketten-Myelom dienen oder in seltenen Fällen für ein IgD- oder IgE-Myelom, auch deshalb ergibt sich die Notwendigkeit der Quantifizierung.

Die Subklassenbestimmung hat bei IgG- oder IgA-Paraproteinen in der Routine keine Bedeutung.

Bei Multiplem Myelom bestätigt die monoklonale Bande in der Elektrophorese die klinische Diagnose. Allerdings kann eine schwache Bande in der γ-Globulin-Zone bereits vor der klinischen Manifestation auftreten oder nach Behandlung bzw. in der Remissionsphase bestehen bleiben.

Klinisches Beispiel

In der Routineelektrophorese war bei einem jungen Erwachsenen mit Multiplem Myelom eine eine intensive Bande in der γ-Zone nachweisbar. Es handelte sich bei der Bande um ein IgA Lambda-Paraprotein. Bereits kurz nach der Behandlung verschwand diese Bande, und der Patient kam in eine achtjährige Remission. Neun Jahre nach der Erstdiagnose verstarb der Patient nach einem erneuten Schub.

Eine retrospektive Analyse der Serumproben, die von diesem Patienten während der neun Krankheitsjahre gesammelt worden waren, ergab durch hochauflösende Technik eine schwache Bande in der γ-Zone, die bei Routineelektrophoresen gewöhnlich nicht zu erkennen ist.

Diese Bande wurde durch Immunfixation identifiziert, und die Untersuchung der idiotypischen Variation bestätigte die Präsenz desselben IgA Lambda, das ursprünglich identifiziert worden war. Diese Bande blieb also während der gesamten Remissionszeit erhalten.

Diese Studie zeigt, daß die Kombination von Agarose-Elektrophorese und Immunfixation aussagekräftige Informationen ergibt, die bei Patienten mit bekannter Krankengeschichte die Einschätzung über Fortbestehen oder Rückfall bei Multiplen Myelomen gestatten.

Weiterhin wurde damit gezeigt, daß die klinische Remission nicht notwendigerweise zum vollständigen Verschwinden der anomalen monoklonalen Immunglobulin-Bande führt. Dank der gesteigerten Empfindlichkeit der benutzten Technik konnten Immunglobulin-Banden bei einem Patienten mit präklinischem Myelom entdeckt werden, bevor irgendeine klinische Manifestation vorlag.

1.4. Immunelektrophorese (IE) und Immunfixation (IF)

Durch IE und IF lassen sich Immunglobuline und leichte und schwere Ketten monoklonaler Immunglobuline nachweisen (Abb 32 bis Abb. 46).

Monoklonales IgG Lambda in Gegenwart verminderter Konzentration der anderen Immunglobulin Klassen (IgA und IgM)

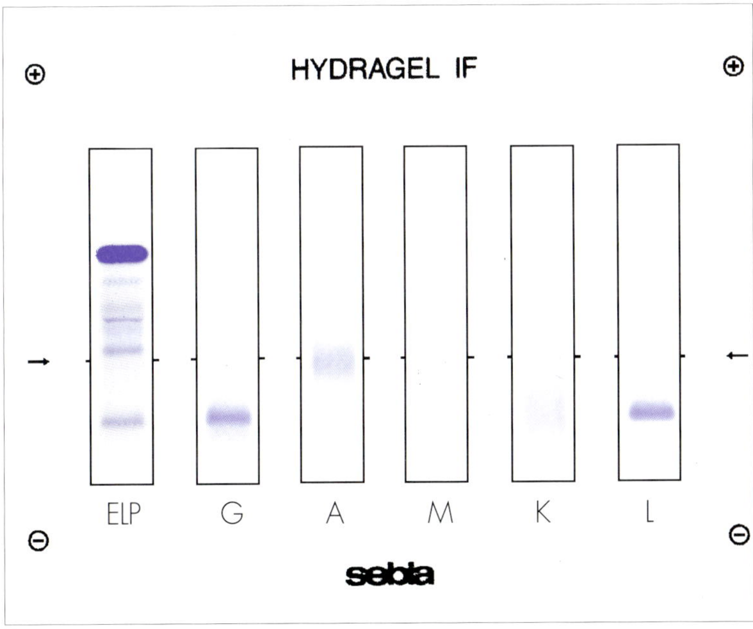

Abb. 32

Monoklonales IgG Kappa in Gegenwart verminderter Konzentration der anderen Immunglobulin-Klassen

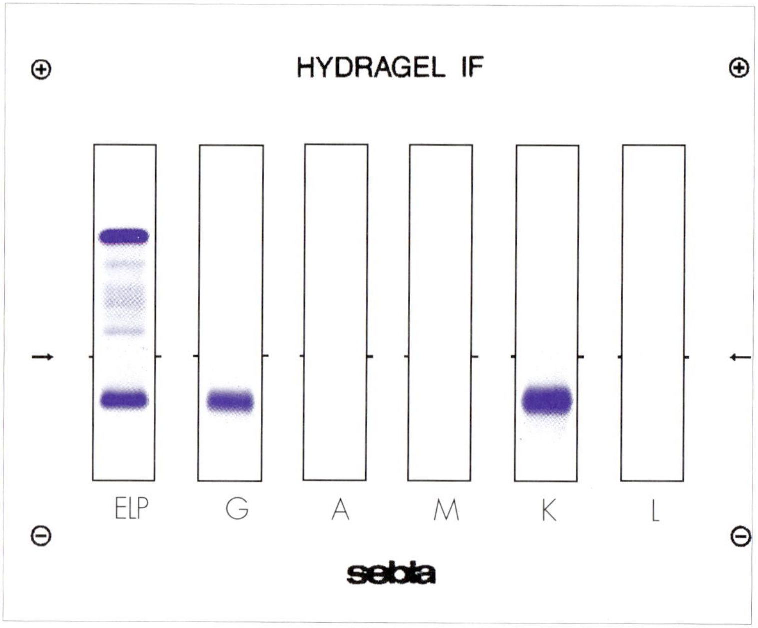

Abb. 33

Wenn keine Reaktion mit Antiseren gegen die schwere Kette erfolgt, aber eine positive Reaktion mit Kappa oder Lambda, muß ein zusätzlicher Test mit Antiserum gegen freie leichte Ketten vorgenommen werden. Ist auch hier die Reaktion negativ, müssen IgD und IgE getestet werden.

Zusätzlich zur Produktion von monoklonalem Immunglobulin kann auch eine Überschußproduktion von freien Leichtketten im Serum nachgewiesen werden. Mit der IF kann auch die Anwesenheit verschiedener monoklonaler Komponenten nachgewiesen werden.

1.5. Untersuchung auf Kryoglobuline

Wenn ein Kryoglobulin existiert, ist es normalerweise vom Typ I (als monoklonales Immunglobulin) oder vom Typ II (als monoklonales Immunglobulin, das mit einem oder mehreren polyklonalen Immunglobulinen assoziiert ist).

Monoklonales IgA Kappa, das in der ß-Globulin-Zone migriert, in Gegenwart verminderter Konzentration der anderen Immunglobulin-Klassen (IgG und IgM)

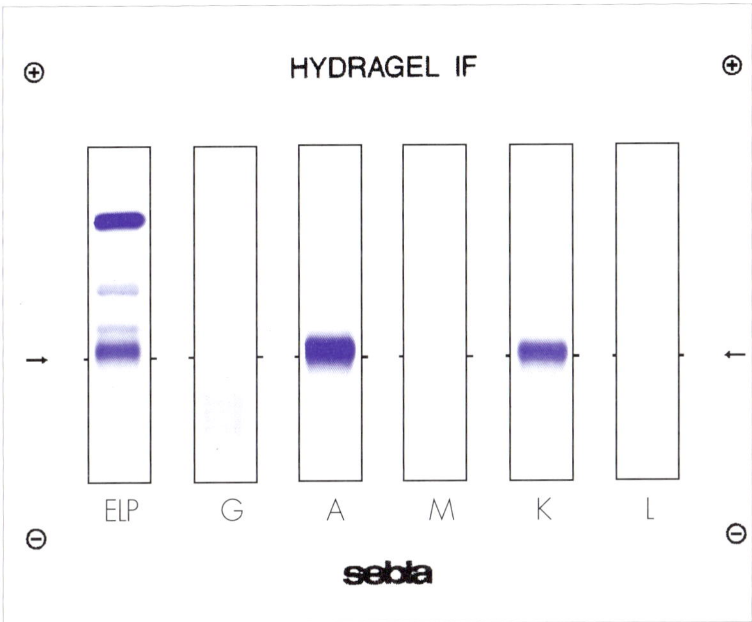

Abb. 34

Monoklonales IgA Lambda,
das in der ß-Globulin-Zone migriert,
in Gegenwart verminderter Konzentration der anderen
Immunglobulin Klassen (IgG und IgM)

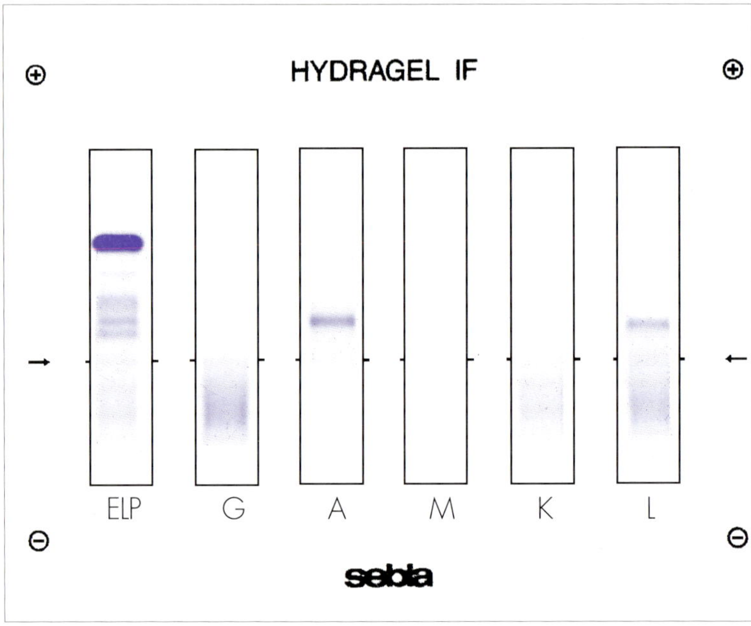

Abb. 35

Monoklonales IgD Lambda,
das in der γ-Globulin-Zone migriert

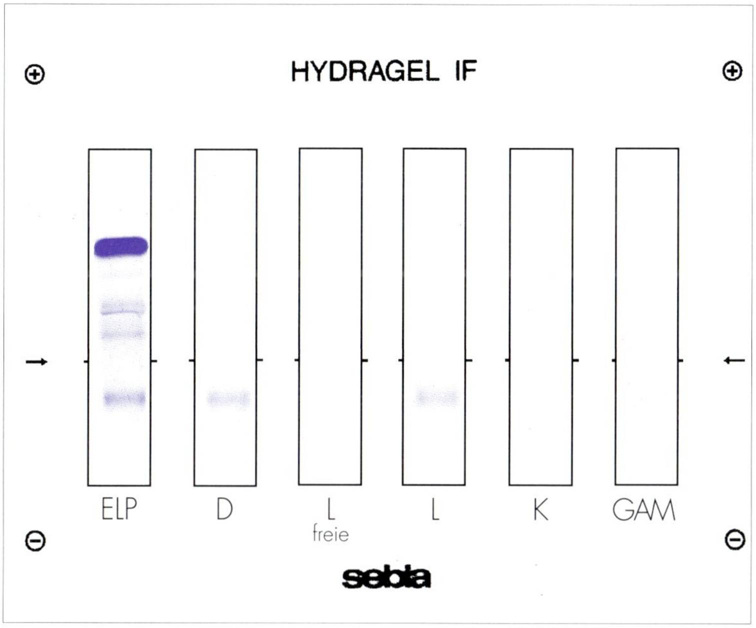

Abb. 36

Man beachte die fehlende Reaktion mit Anti-freiem Lambda und Anti-GAM.

Monoklonales IgD Kappa,
das in der γ-Globulin-Zone migriert

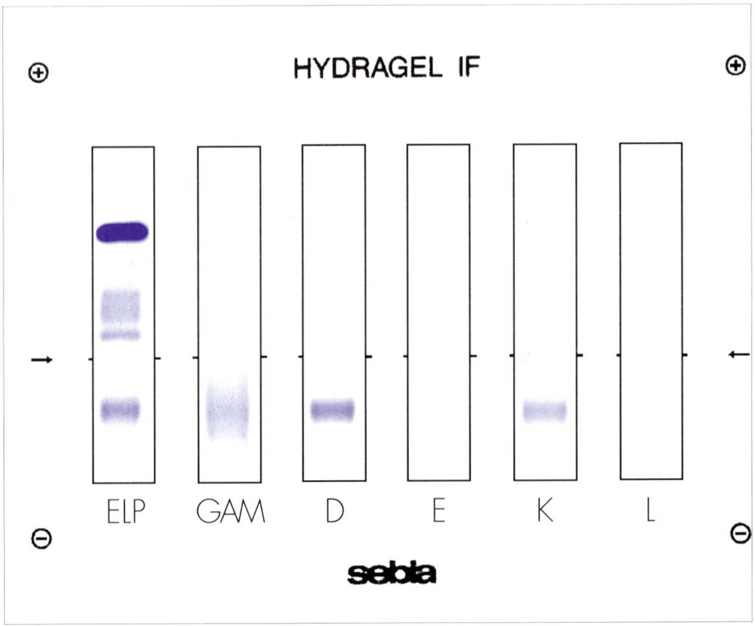

Abb. 37

Der Nachweis der monoklonalen IgD-Bande wurde nach negativer Reaktion mit Anti-freiem Kappa und Anti-freiem Lambda angeschlossen.

Monoklonales Immunoglobulin IgE Lambda, das in der ß-Zone migriert

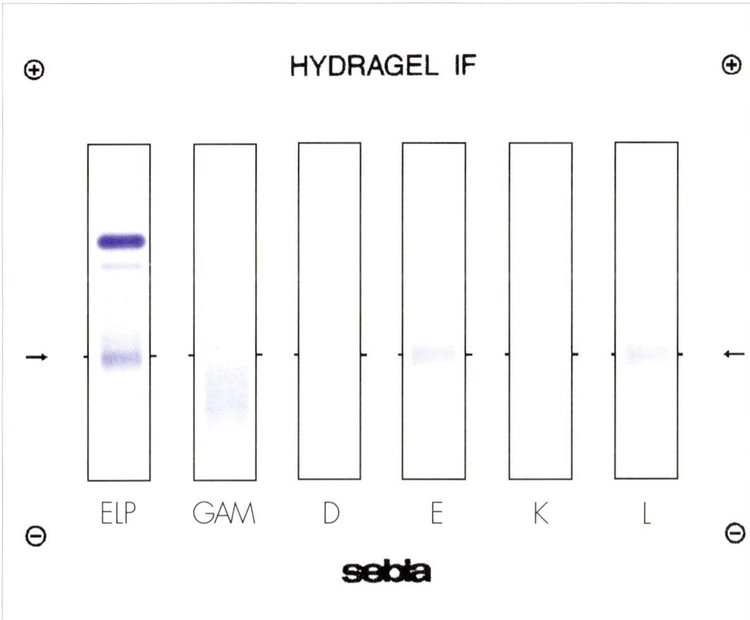

Abb. 38

Nachweis von monoklonalen Lambda-Leichtketten,
nicht bestätigt mit Anti-freien Leichtketten

- Identifikation der Bande mit Anti-IgE

Schlußfolgerung:
Monoklonale Gammopathie, Typ IgE Lambda

Biklonale Gammopathie

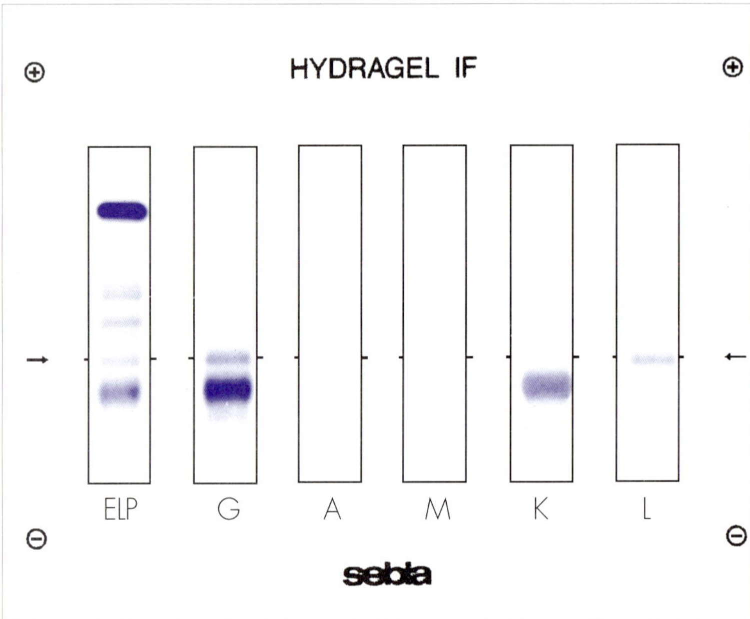

Abb. 39

Nachweis von 2 monoklonalen Immunglobulinen:
1 vorherrschendes IgG Kappa und 1 IgG Lambda (schwächer konzentriert) mit größerer anodischer Mobilität.

Biklonale Gammopathie

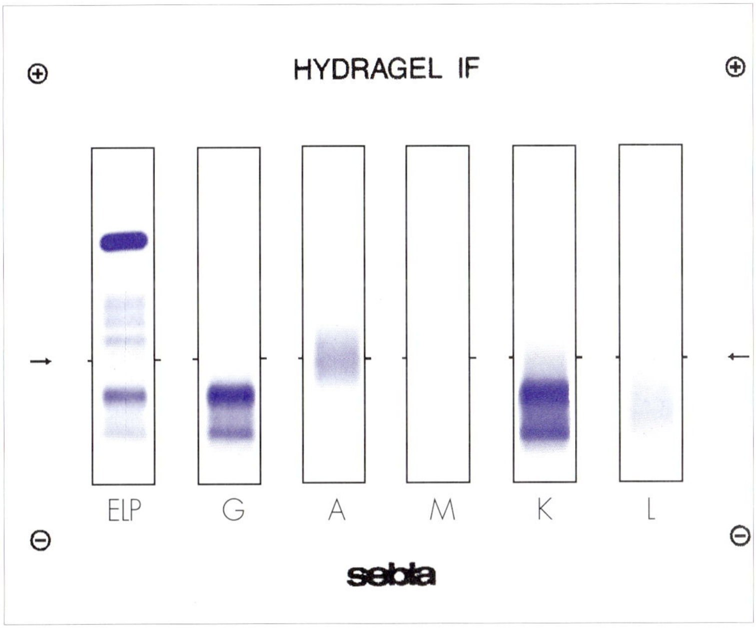

Abb. 40

Nachweis von zwei monoklonalen IgG Kappa.

Interpretation nach Behandlung mit einem reduzierenden Agens:

- Nur 1 Bande bleibt :
  Einzelnes IgG Kappa mit monomerer und polymerer Struktur
  (sehr selten)

- Zwei Banden bleiben :
  Biklonale Gammopathie,
  bei der zwei verschiedene IgG-Unterklassen beteiligt sind
  (häufiger).

Biklonale Gammopathie

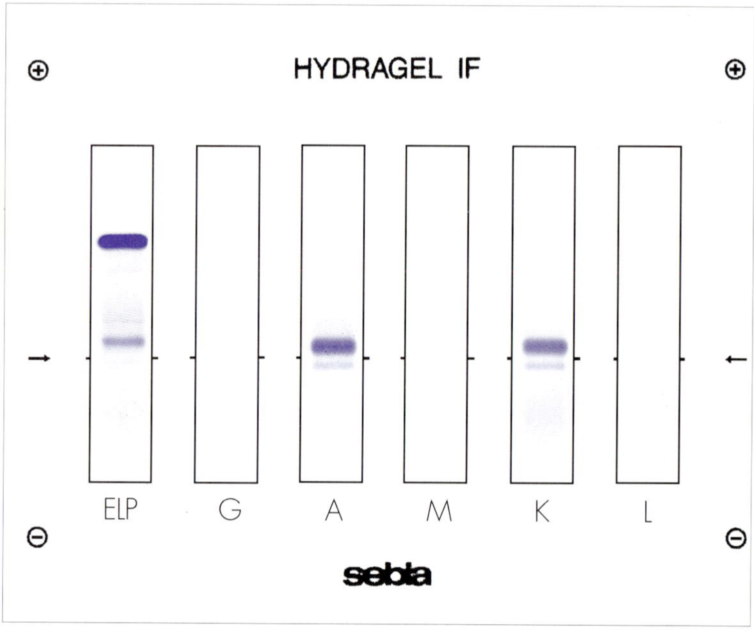

Abb. 41

Nachweis von zwei Banden mit Anti-IgA und Anti-Kappa.

Interpretation nach Behandlung mit einem reduzierenden Agens :

- Nur 1 Bande bleibt :
  Einzelnes IgA Kappa mit monomerer und polymerer Struktur

- Zwei Banden bleiben:
  Biklonale Gammopathie,
  bei der zwei verschiedene IgA-Unterklassen beteiligt sind.

Biklonale Gammopathie

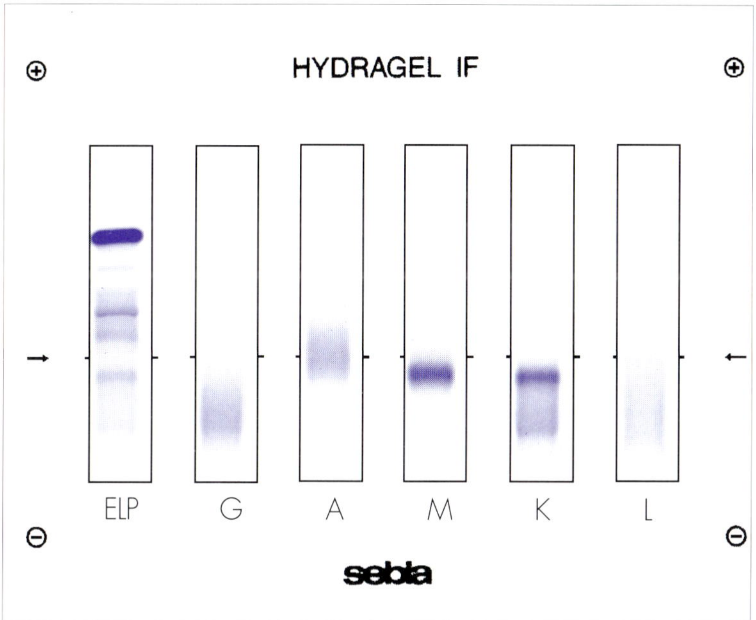

Abb. 42

Biklonale Gammopathie mit IgM Kappa
und (schwach) IgG Kappa.

Biklonale Gammopathie

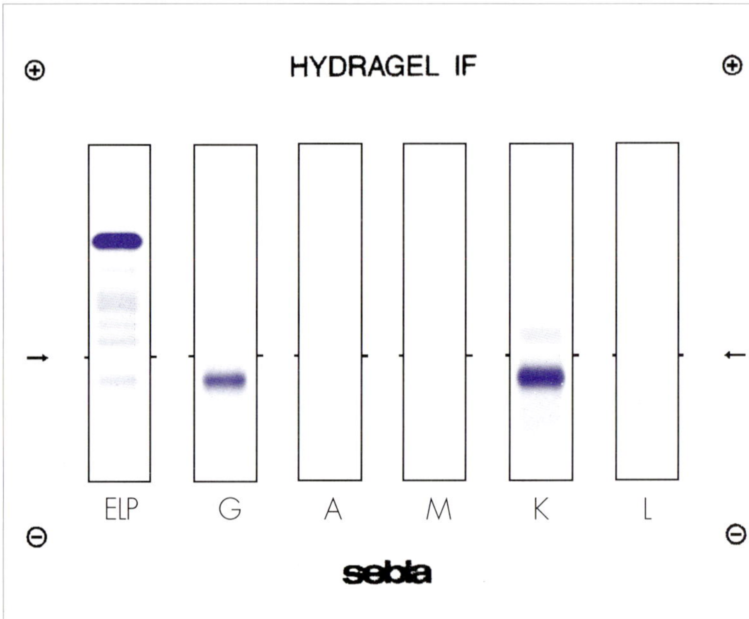

Abb. 43

Nachweis von zwei Banden:
IgG Kappa und eine freie Kappa-Leichtkette mit größerer anodischer Mobilität.

Ein Test mit Anti-freiem Kappa muß durchgeführt werden;
Bei negativem Testergebnis zusätzlicher Test mit Anti-IgD und -IgE.

Biklonale Gammopathie

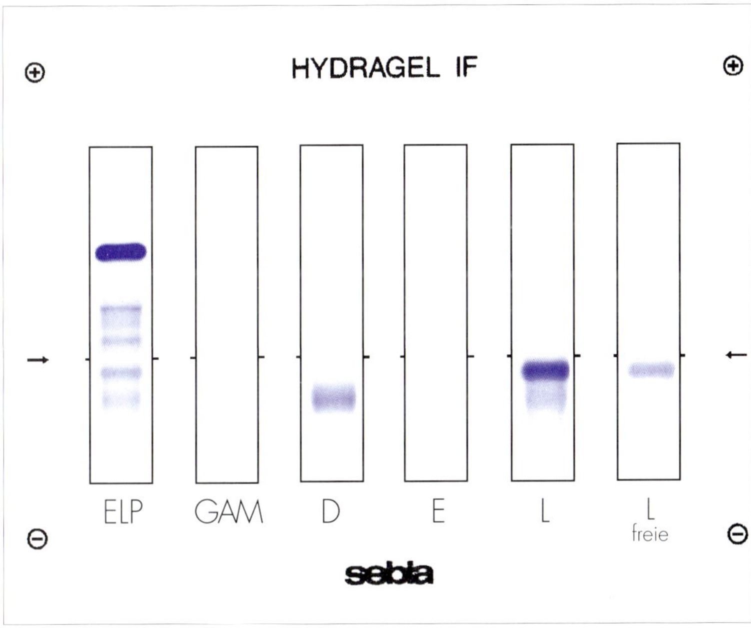

Abb. 44

Nachweis von zwei Banden, nachgewiesen mit Anti-Lambda bestatigt mit:

- Anti-freies Lambda (eine Bande)
- Anti-IgD (andere Bande).

Schlußfolgerung:
Präsenz einer monoklonalen Gammopathie mit IgD Lambda-Komponente
in Verbindung mit freien Lambda-Leichtketten
mit größerer anodischer Mobilität

Biklonale Gammopathie

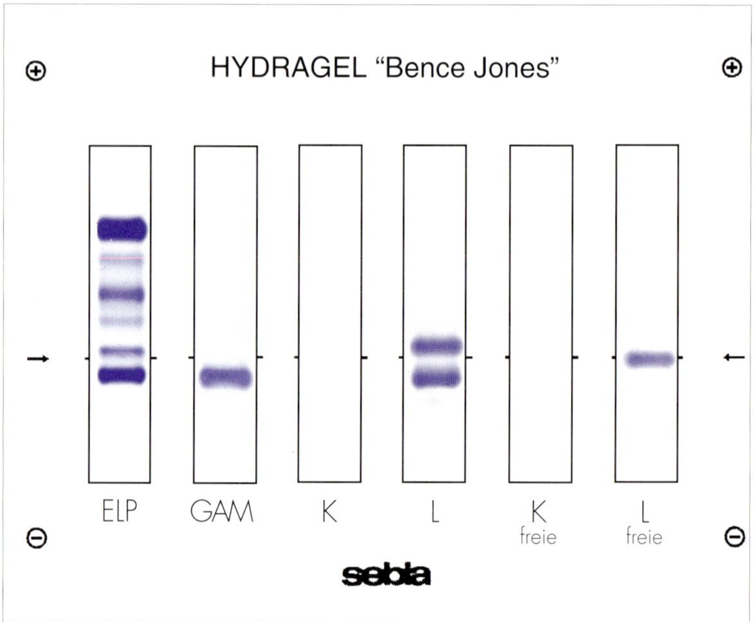

Abb. 45

Nachweis von zwei monoklonalen Lambda-Banden, bestätigt mit :

- Anti-Schwerketten (G, A und M) im einen Fall
- Anti-Lambda freie Leichtkette

(bei der Bande mit der größeren anodischen Mobilität)

Schlußfolgerung:
Monoklonale Gammopathie, Lambda-Immunglobulin
in Verbindung mit freien Lambda-Leichtketten mit größerer anodischer Mobilität

Biklonale Gammopathie

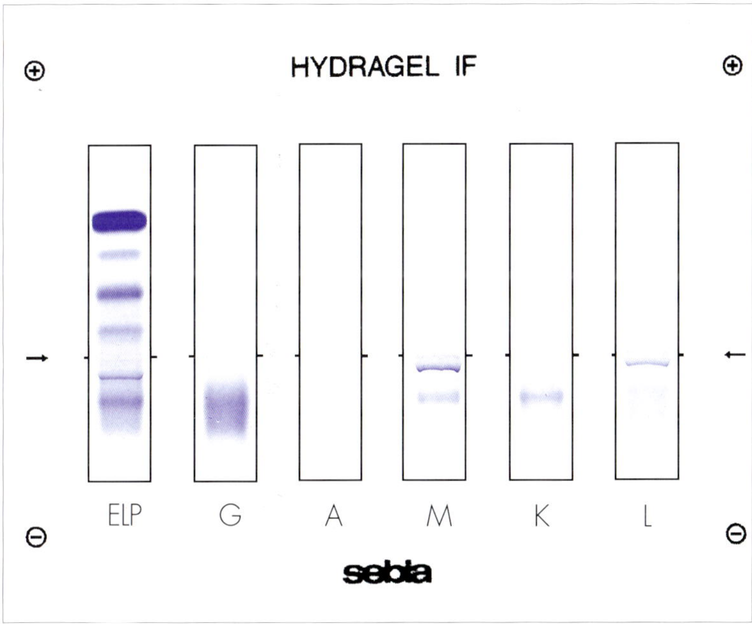

Abb. 46

Nachweis von 2 monoklonalen Immunglobulinen: 1 IgM Kappa und 1 IgM Lambda mit größerer anodischer Mobilität.

2. Myelome, deren Paraprotein eine freie leichte Kette ist

Dieser Myelomtyp weist spezifische Protein-Anomalitäten im Serum auf, die bei anderen Myelom-Typen nicht beobachtet werden.

2.1. Serum-Gesamtprotein und Plasma-Elektrolyte

Die Serumprotein-Konzentration liegt niedrig, häufig aufgrund von Hypo-γ-Globulinämie. Die Blutsenkungsgeschwindigkeit ist normal.

Es liegt keine falsche Hyponatriämie vor, aber unter Umständen Hyperkalziämie und Hyperkalziurie.

2.2. Elektrophorese

Hier lassen sich verschiedene Situationen vorfinden: keine monoklonale Bande, eine Bande in der γ-Zone, eine leichte Intensivierung in der ß-Zone, oder eine zusätzliche α2-Bande, ohne daß eine sichtbare Hämolyse vorliegt. Die große Variabilität in der elektrophoretischen Migration der freien Leichtketten dürfte auf die Bildung unterschiedlicher Polymere zurückzuführen sein. In diesem Fall liegt normalerweise eine Hypo-γ-Globulinämie vor.

2.3. Quantifizierung der Immunglobuline

Die Abnahme der Immunglobulin-Konzentration tritt häufig auf und betrifft die drei Hauptklassen (IgG, IgA, IgM), aber niemals liegen die Werte unter dem Normalbereich.

2.4. Immunelektrophorese und Immunfixation

Folgende Fälle sind möglich: keine nachweisbare Anomalität, eine Bande in der α2-, ß- oder γ-Zone, die den freien leichten Ketten zuzuordnen ist (Abb. 47 und Abb. 48); mitunter findet man auch zwei Banden (Abb. 49 und Abb. 50). Der Bogen oder die Bande fehlt stets bei Antiserum gegen schwere Ketten.

Die Ergebnisse müssen mit einem spezifischen Antiserum (Kappa oder Lambda) gegen leichte Ketten vervollständigt werden. Bei Patienten mit Niereninsuffizienz können Spuren leichter Ketten im Serum auftreten. Diese stehen aber nicht mit einem eventuellen Leichtketten-Myelom in Verbindung.

Freies Leichtketten-Myelom

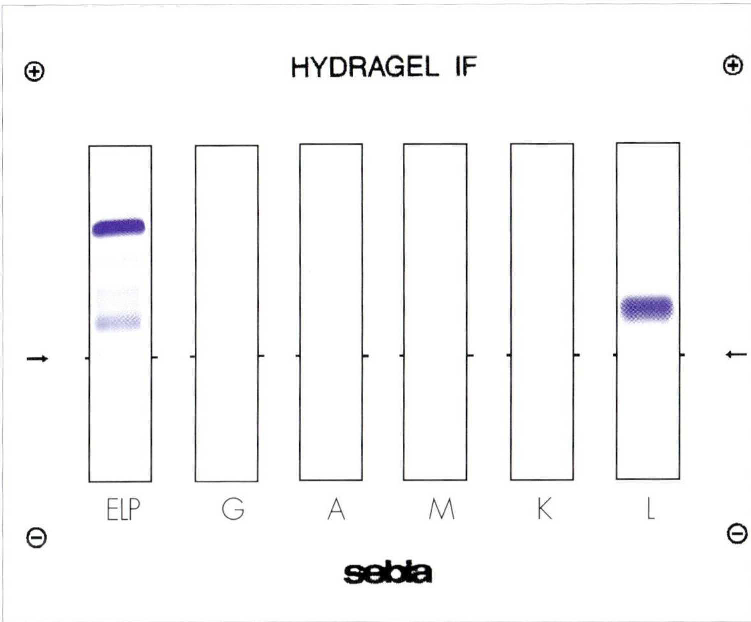

• Keine Reaktion mit einem Antiserum gegen die drei schweren Ketten α, γ und μ.
• Detektion einer monoklonalen Bande mit Anti-Lambda (freie und gebundene Ketten) mit ß-Mobilität

Bestätigung mit Anti-freiem Lambda erforderlich.
Wenn das Ergebnis negativ ist, muß die Untersuchung mit Anti-IgD und Anti-IgE fortgeführt werden.

Abb. 47

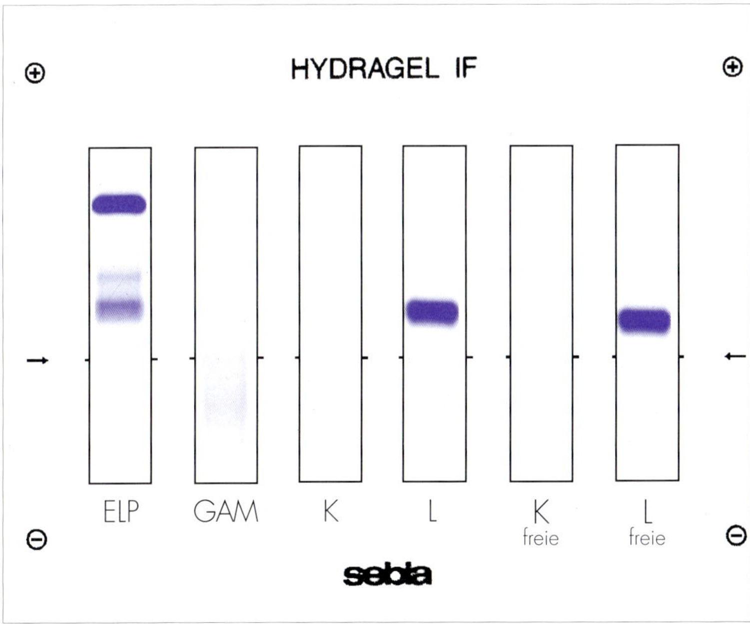

Detektion der Lambda-Kette mit Anti-freiem Lambda.
Schlußfolgerung: Freie Lambda - Leichtketten
mit globaler Hypo-γ-Globulinämie.

Abb. 48

Freies Leichtketten-Myelom

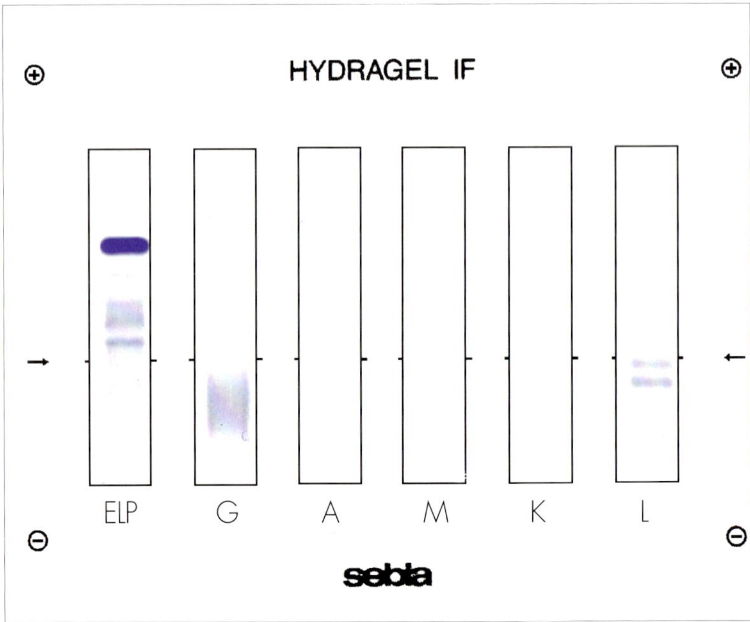

Präsenz von zwei monoklonalen Banden; Nachweis mit Anti-Lambda-Leichtketten.

Keine Anomalien bei Anti-Schwerketten (α, γ und μ).

Abb. 49

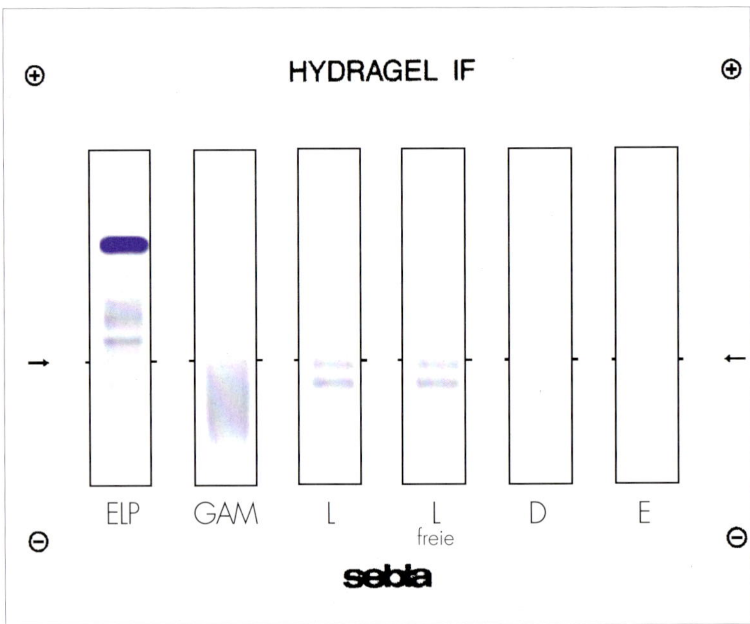

Nachweis beider Banden mit Anti-freiem Lambda.

Schlußfolgerung: Freie Lambda-Leichtketten mit monomerer oder dimerer (polymerer) Struktur

Abb. 50

2.5. Untersuchung auf Kryoglobulin

Kryoglobulin vom Typ I aus freien leichten Lambda- oder Kappa-Ketten wird sehr selten gefunden.

3. Nicht-sezernierendes Myelom

Eine Hypo-γ-Globulinämie ist die einzige Proteinanomalität. Die Blutsenkungsgeschwindigkeit ist normal. Da die immunkompetenten Zellen ihr monoklonales Immunglobulin nicht sezernieren (und es daher natürlich nicht im Serum oder Urin nachgewiesen werden kann), läßt sich die Diagnose nur durch Immunfluoreszenz-Untersuchung der medullären Plasmazellen durchführen. Diese Erkrankung tritt sehr selten auf.

II. ANALYSE DER URINPROTEINE

Die Analyse der Urinproteine ist für die verschiedenen Myelomtypen identisch. Eine der möglichen Komplikationen können Myelomnieren sein, auch sekundäre Infektionen aufgrund der Abnahme von physiologischen Immunglobulinen spielen eine Rolle.

1. Urin-Gesamteiweiß

In den frühen Krankheitsstadien ist die Proteinurie nicht konstant. Methodisch bedingt können falsch-negative Befunde auftreten, wenn die Proteinurie ausschließlich auf Bence-Jones-Proteine zurückzuführen ist. Der Proteingehalt im Urin wird nur dann hoch, wenn die Bence-Jones-Proteine in hoher Konzentration vorliegen, oder wenn andere Plasmaproteine die Nierenschranke passieren.

2. Elektrophorese mit oder ohne Vorkonzentration

In etwa zwei Dritteln der Fälle findet man Bence-Jones-Proteine; sie migrieren entweder in der ß- oder in der γ-Zone. Je nach Anwesenheit eines monoklonalen Immunglobulins im Urin können eine oder mehrere Banden unterschieden werden, in Verbindung mit einer bereits bestehenden signifikanten Nierenschädigung oder renaler Insuffizienz. Freie leichte Ketten werden häufig in den Nierentubuli abgelagert.

3. Immunfixation und Immunelektrophorese

Entweder tritt Bence-Jones-Protein allein auf, oder zusätzlich wird vollständiges monoklonales IgG oder IgA durch die entsprechenden Antiseren nachgewiesen.

Kapitel 4

PROTEINDIAGNOSTIK DER MAKROGLOBULINÄMIA WALDENSTRÖM

Während Myelome mit dem Auftreten verschiedenener monoklonaler Paraproteine im Serum assoziiert sein können (IgG, IgA, IgD oder IgE sowie freie leichte Ketten), ist der Morbus Waldenström durch ein hochkonzentriertes monoklonales IgM im Serum charakterisiert. Das hohe Molekulargewicht des IgM-Pentamers hat zur Bezeichnung der Makroglobulinämie geführt.

I. DIE ANALYSE DER SERUMPROTEINE

1. Serum-Gesamteiweiß und die Konsequenzen des Auftretens von zirkulierendem IgM

Eine hohe Serumeiweißkonzentration ist häufig; sie übersteigt selten 100 g/l, und sie ist die Ursache für die Beschleunigung der Blutsenkungsgeschwindigkeit.

Das monoklonale IgM führt häufiger zu erhöhter Viskosität als beim Plasmozytom und ist auch die Ursache neurologischer Störungen. Die Viskosität kann durch Plasmapherese korrigiert werden.

Wenn die Konzentration von IgM sehr hoch wird, wird auch häufig eine Hypervolämie beobachtet. Dadurch wird häufig die bereits bestehende Anämie verstärkt, und vor allem wird das kardiovaskuläre System überlastet.

Eine Hyperkalziämie liegt nicht vor (keine Ausschüttung von Osteoblasten-aktivierendem Faktor), aber eine offensichtliche Abnahme der Anionen kann bei einer bedeutenden Zunahme der Proteinkonzentration auftreten.

2. Elektrophorese

Eine deutliche, homogene Bande tritt in der ß- oder γ-Zone auf. Mitunter findet man im Gel an allen Auftragungsstellen ein Präzipitat aufgrund des hochpolymerisierten IgM. In diesem Fall ist eine weitere Untersuchung erforderlich, wobei aber die Probe vorher mit Mercaptoethanol reduziert werden muß.

Manchmal sind zwei Banden sichtbar, die folgende Ursache haben :

- Monoklonales IgM-Pentamer, assoziiert mit monomeren 7S-Untereinheiten. Die Doppelbande verschwindet nach Reduktion mit Mercaptoethanol.
- Monoklonales IgM, assoziiert mit überschüssigen freien Leichtketten
- Biklonale Gammopathie: IgM ist mit einem anderen IgM-Molekül assoziiert, das eine unterschiedliche leichte Kette trägt, oder mit einem IgG oder IgA, dessen leichte Kette identisch oder verschieden sein kann.

In diesen beiden Fällen bleibt der Doppelpeak auch nach Mercaptoethanolbehandlung erhalten.

3. Quantifizierung der Immunglobuline

Die IgM-Zunahme ist beträchtlich. Sie übersteigt 10 g/l und erreicht manchmal 30-40 g/l. Bei der immunochemischen Quantifizierung wird der Wert jedoch regelmäßig zu hoch berechnet.

Wie auch bei den anderen monoklonalen Immunglobulinen ist die Quantifizierung aufgrund eines Densitogramms zuverlässiger.

Die übrigen Immunglobuline sind normal oder nur wenig reduziert, im Gegensatz zum Morbus Kahler, wo die Synthese der physiologischen Immunglobuline supprimiert ist.

4. Immunelektrophorese und Immunfixation

4.1. Immunelektrophorese

Der durch Anti-IgM entstehende Bogen ist normalerweise charakteristisch in seiner Sichelform. Es ist erforderlich, das Serum mit einem reduzierenden Agens zu behandeln, um die verzogenen Bögen der leichten Ketten besser sehen zu können. Sie sind oft durch den sogenannten "Schirm"-Effekt überdeckt, der durch an IgG gebundene leichte Ketten zustandekommt.

4.2. Immunfixation

Die Probe muß nicht in jedem Fall vor der Trennung mit Mercaptoethanol reduziert (Abb. 51-54a und 54b) werden.

Monoklonales IgM Kappa

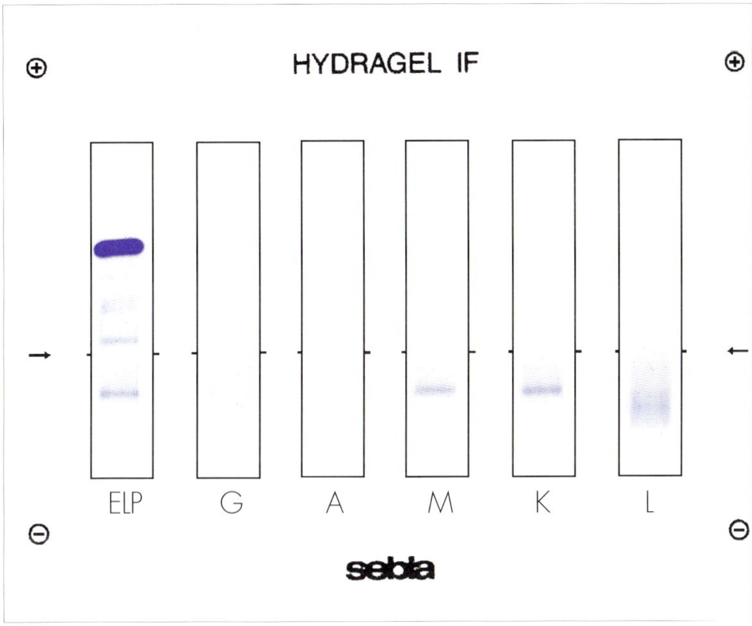

Abb. 51

Monoklonales IgM Lambda

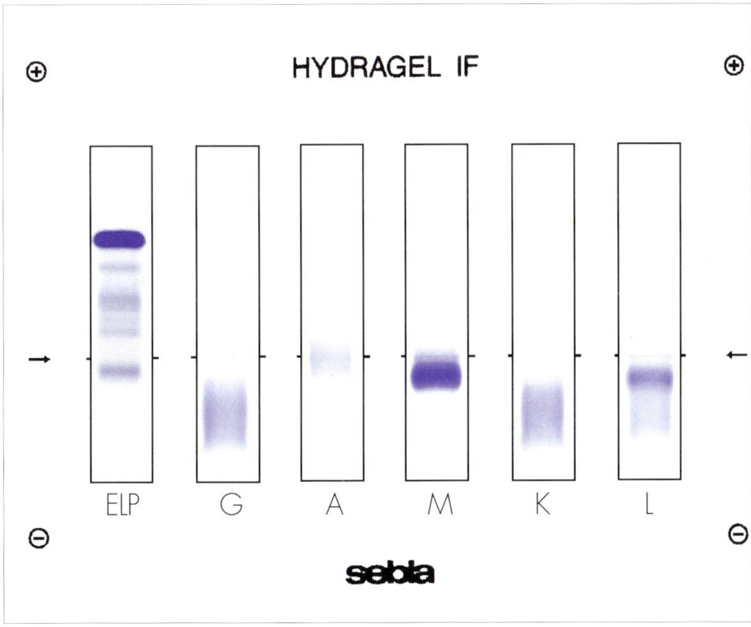

Das IgM Lambda ist wahrscheinlich polymerisiert

Abb. 52

Monoklonales IgM Kappa

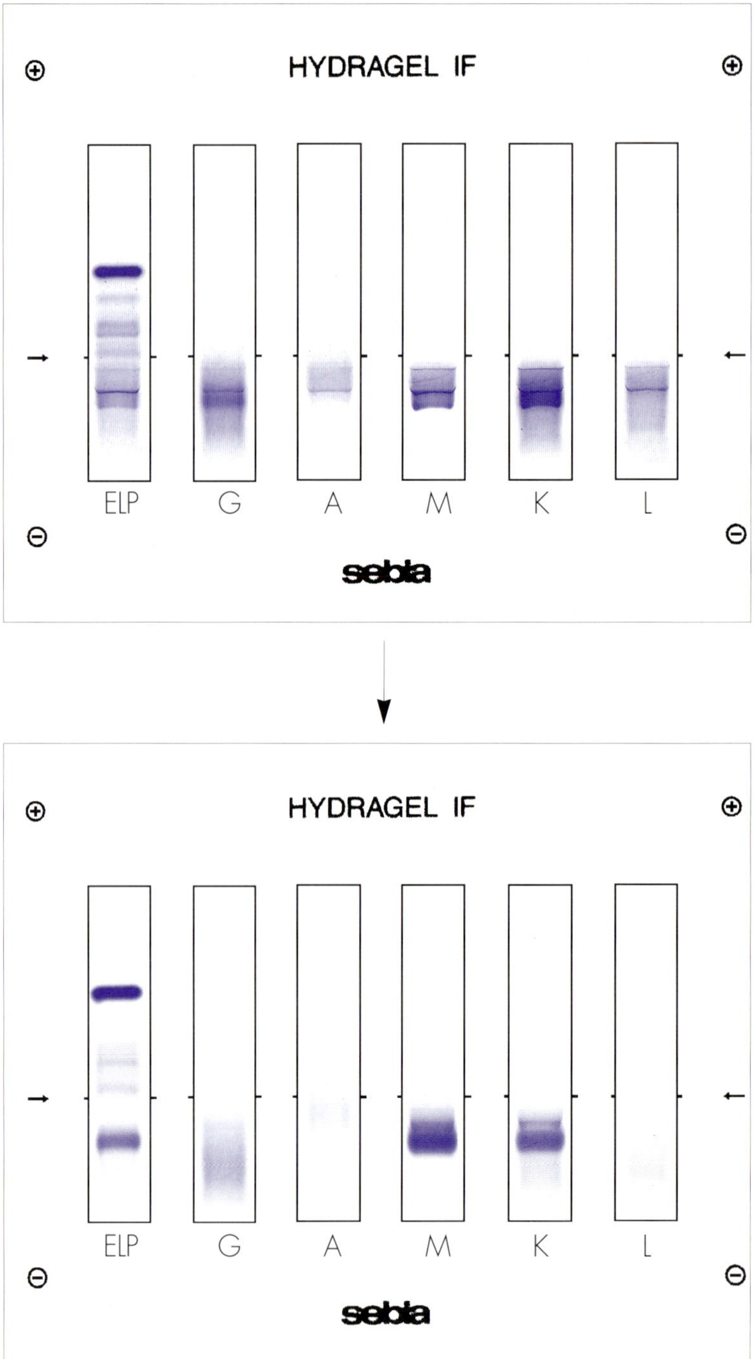

Auftreten einer hochpolymerisierten Fraktion, die an der Auftragungsstelle des Gels "gefangen" ist und in allen Spuren ein Präzipitat erzeugt.

Durch die Behandlung mit ß-Mercaptoethanol wird die Größe des Makroglobulin-Moleküls reduziert, so daß es im Gel migrieren kann.

Nach Behandlung mit einem reduzierenden Agens sieht man die Präsenz eines monoklonalen IgM Kappa

Abb. 53

Monoklonales IgM Kappa

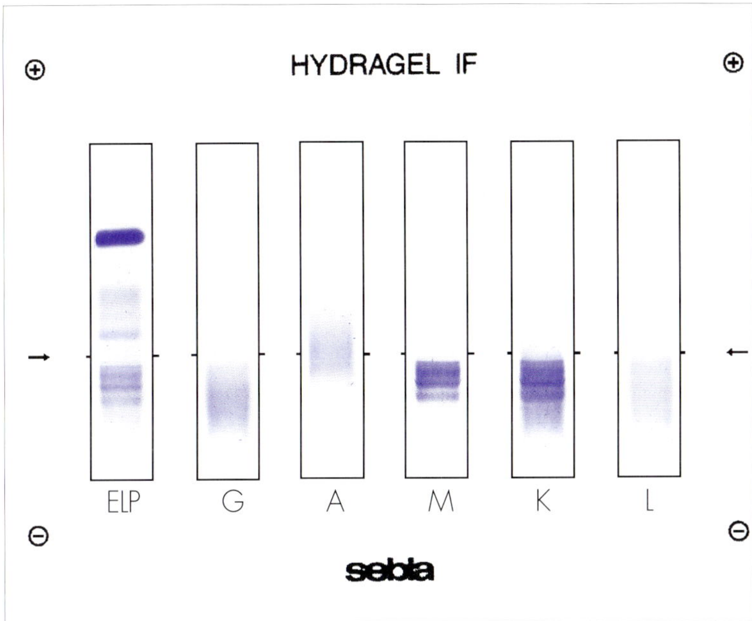

Nachweis von IgM Kappa-Makroglobulinämie mit verschiedenen Polymerisationsstufen

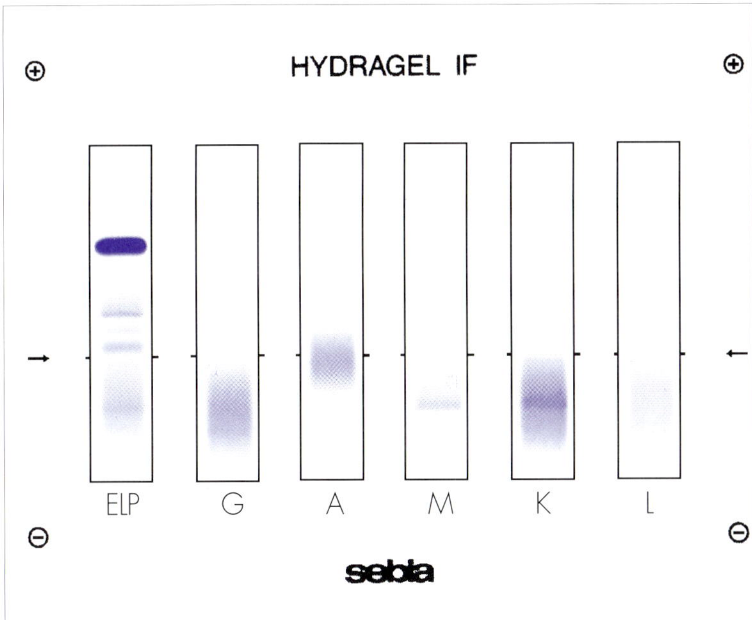

Nach Behandlung mit ß-Mercaptoethanol sieht man die Präsenz eines einzelnen monoklonalen IgM Kappa

Abb. 54a

Monoklonales IgM Kappa

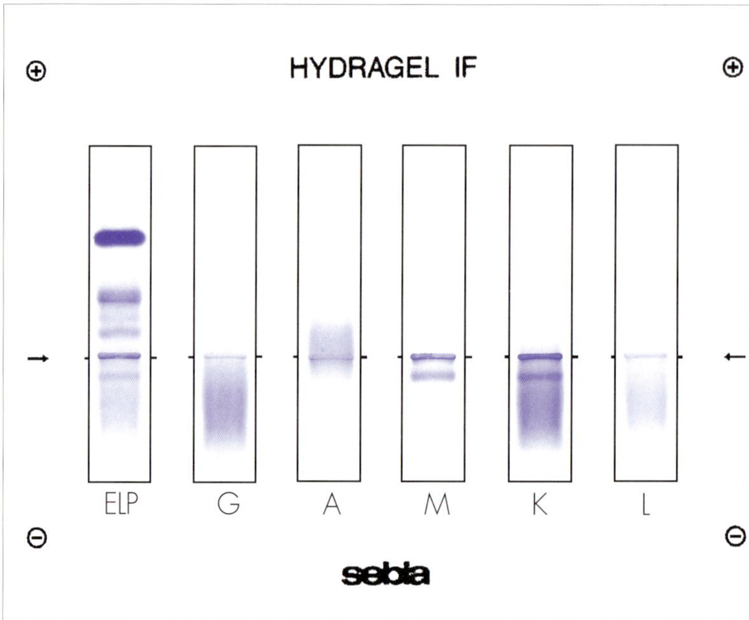

Nachweis von IgM Kappa in verschiedenen Polymerisationsstufen.

Durch Behandlung mit einem reduzierenden Agens werden die Polymere in Monomere überführt.

Abb. 54b

5. Untersuchung auf Kryoglobuline

Eine Kryoglobulinämie tritt im allgemeinen als Typ I (einzelnes monoklonales IgM) oder als Typ II (IgM mit einem oder mehreren polyklonalen Immunglobulinen assoziiert) auf; sie ist beim Morbus Waldenström häufiger als beim Multiplen Myelom. Sie ist häufig von klinischer Relevanz (Raynaud-Syndrom, Hautnekrosen von Bereichen, die Frost ausgesetzt waren, und bei Purpura vascularis).

Mitunter gehören alle monoklonalen IgM-Moleküle der Kryoglobulin-Gruppe an und können daher in normal behandelten Serum nicht aufgefunden werden. In diesem Fall muß das Serum nach der Entnahme bis zur Untersuchung bei 37 °C gehalten werden.

Kryoglobuline können mittels Immunelektrophorese oder Immunfixation charakterisiert werden. Vorher müssen sie isoliert, gewaschen und mit ß-Mercaptoethanol vorbehandelt werden.

II. ANALYSE DER URINPROTEINE

1. Proteinurie

Wenn eine Proteinurie vorliegt, ist sie normalerweise limitiert und weniger bedeutend als bei Myelomen.

2. Urin-Elektrophorese

Bence-Jones-Proteine können in geringer Konzentration nachgewiesen werden. Vollständige monoklonale IgM-Moleküle treten selten gleichzeitig auf, da sie aufgrund ihres hohen Molekulargewichts im Urin praktisch nie nachzuweisen sind.

3. Immunelektrophorese und Immunfixation

Die Interpretation ist genauso wie bei Myelomen. Häufig wird Bence-Jones-Protein vorgefunden, während eine positive Reaktion mit Anti-IgM für gewöhnlich auf monomeres IgM oder auf IgM-Fragmente im Urin hinweist. Eine Niereninsuffizienz wird seltener als beim Multiplen Myelom beobachtet.

Kapitel 5

MONOKLONALE GAMMOPATHIEN: ANDERE ERKRANKUNGEN ALS MULTIPLES MYELOM UND MAKROGLOBULINÄMIA WALDENSTRÖM

Außer beim Myelom und bei Makroglobulinämia Waldenström können Paraproteine in zwei weiteren Fällen beobachtet werden:

1. Schwerketten-Krankheit (ausgesprochen selten), meist maligne
2. Monoklonale Gammopathien unbestimmter Signifikanz (MGUS):
   - Paraproteine, die mit malignen oder gutartigen Erkrankungen assoziiert sind
   - Idiopathische monoklonale Gammopathien bei älteren Patienten.

I. SCHWERKETTEN-KRANKHEIT

1. Allgemeines

Die Schwerketten-Krankheit ist selten und schwer zu diagnostizieren. Sie ist gekennzeichnet durch das Auftreten einer bestimmten Immunglobulin-Molekülgruppe im Serum und im Urin, die aus unvollständigen schweren Ketten einer bestimmten Immunglobulin-Klasse oder -Unterklasse besteht, wobei aber die leichten Ketten fehlen.

2. Die verschiedenen Typen der Schwerketten-Krankheit

Bei dieser Erkrankung können drei Typen unterschieden werden, die in der Reihenfolge ihrer Häufigkeit aufgeführt sind:

2.1. α-Schwerketten-Krankheit

Diese Krankheit wurde zuerst von Seligman (1968) beschrieben. Sie wird auch häufig als "Mittelmeer-Lymphom" bezeichnet. Dieses Lymphom ist häufig mit einem schweren intestinalen Malabsorptionssyndrom verbunden. Normalerweise tritt sie bei jungen Erwachsenen auf.

2.2. γ-Schwerketten-Krankheit

Diese Krankheit wurde zuerst von Franklin (1964) beschrieben und zeigt eine gewisse Ähnlichkeit mit dem Morbus Waldenström. Hauptsächlich betroffen sind ältere Patienten.

2.3. µ-Schwerketten-Krankheit

Diese Krankheit wurde zuerst von Forte und Franklin (1970) beschrieben. Die Symptome können mit denen der chronisch lymphatischen Leukämie identisch sein. Diese Krankheit ist von allen Schwerketten-Krankheiten die seltenste.

3. Proteindiagnostik

Die Proteindiagnostik ist nur schwer durchzuführen.

3.1. Serumanalyse

- Elektrophorese :
  In den meisten Fällen ist keine kompakte Bande sichtbar, normalerweise tritt eine Hypo-γ-Globulinämie auf. Eine diffuse breite Bande findet sich in der ß- oder γ-Zone bei γ-Schwerketten-Krankheit, in der α2-Zone bei µ-Schwerketten-Krankheit bzw. in der α2-, ß- oder γ-Zone bei α-Schwerketten-Krankheit.
  Die monoklonalen Fragmente haben eine stark heterogene elektrische Ladung, die wahrscheinlich auf ihrer starken Tendenz zur Polymerbildung beruht, vor allem bei α- und µ-Schwerkettenerkrankung.
- Quantifizierung der Immunglobuline :
  Häufig Hypo-γ-Globulinämie der drei Immunglobulin-Hauptklassen.
- Immunelektrophorese und Immunfixation:
  Nur positive Reaktion mit schweren Ketten, aber nicht mit leichten (s. Abb. 55).

Schwerketten-Krankheit

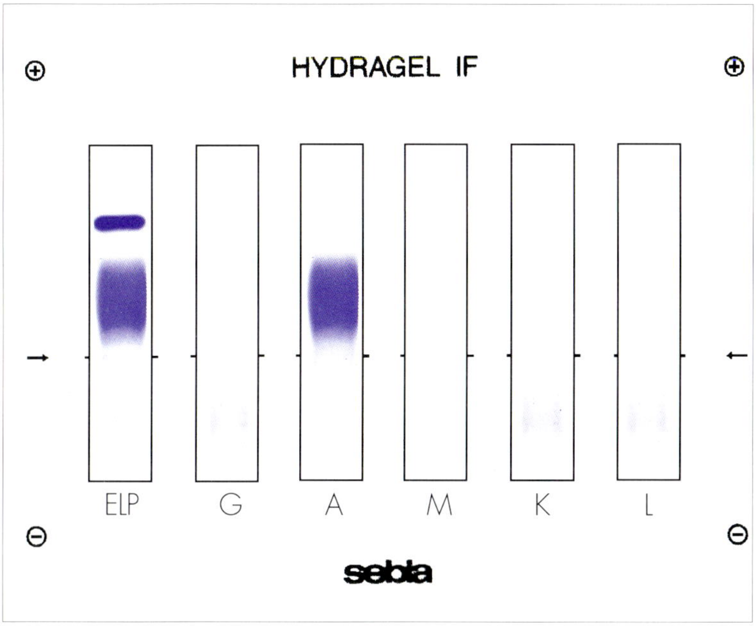

Die IgA-Fraktion ist in hoher Konzentration vertreten, aber sie ist diffus, und jede Beziehung zu den leichten Ketten fehlt.

α1-Schwerketten-Krankheit

Abb. 55

• Immunselektion:

Die Migration wird in einem Gel durchgeführt, welches Antiserum gegen gebundene Leichtketten enthält. Dadurch werden die "normalen" Immunglobuline präzipitiert, während die Schwerketten normal migrieren. Sichtbar gemacht werden die Schwerketten durch Anti-α, -γ oder -μ. Diese Untersuchung wird in spezialisierten Laboratorien durchgeführt.

3.2. Urin-Analyse

Das anomale Protein wird selten im Urin nachgewiesen, weil es als häufig als Polymer vorliegt. Es ist jedoch möglich, γ- oder μ-Fragmente nachzuweisen.

II. MONOKLONALE GAMMOPATHIEN UNBESTIMMTER SIGNIFIKANZ

1. Allgemeine Merkmale und Differenzierungskriterien

Die monoklonalen Gammopathien unbestimmter Signifikanz (MGUS) sind die am häufigsten auftretenden Gammopathien.

1.1. Serumanalyse

Folgende biochemische Kriterien werden für die Differenzierung zwischen malignen monoklonalen Gammopathien und monoklonalen Gammopathien unbestimmter Signifikanz (MGUS) herangezogen:

- Blutsenkungsgeschwindigkeit normal
- Proteinkonzentration meist normal
- ß2-Mikroglobulin normal
- Eine oder mehrere schwache monoklonale Banden bei der Serum-Elektrophorese
- Geringe Konzentration an monoklonalem Immunglobulin
- Normale Konzentration der physiologischen Immunglobuline
- Keine zeitabhängige Zunahme der Immunglobulin-Konzentration im Verlauf.

Die in Frage kommenden monoklonalen Immunglobuline, die mit Immunelektrophorese oder Immunfixation nachgewiesen werden, sind meist IgG und IgM, seltener IgA.

1.2. Urinanalyse

- Keine Bence-Jones-Proteine oder Konzentration zu niedrig zum Nachweis mit Standardmethoden.

2. Assozierte Krankheiten

2.1. Hämatologische Erkrankungen

- Chronisch lymphatische Leukämie. In 10% der Fälle wird eine monoklonale Bande gefunden, bei der es sich meist um IgM handelt, seltener um IgG in Assoziation mit einer Hypo-γ-Globulinämie
- Malignes Lymphom, meist nicht vom Hodgkin-Typ
- Primäre oder sekundäre Immundefekte bei Erwachsenen und Kindern.

2.2. Karzinome

- Karzinome des Verdauungstrakts, der Niere, der Brust, und der Prostata. Die chirurgische Entfernung führt nicht zum Verschwinden des monoklonalen Immunglobulins.

2.3. Hepatobiliäre Erkrankungen

- Zirrhose
- Chronische Hepatitis
- Virushepatitis
- Chronischer Gallenwegsverschluß (permanente Stimulation durch Antigene)
- Hepatom.

2.4. Erkrankungen der Haut

- Pyoderma gangraenosum (monoklonales IgA)
- Planes normocholesterinämisches Xanthom
- Mucinosis papulosa (monoklonales IgG Lambda)

2.5. Andere assoziierte Erkrankungen

- Amyloidose: aufgrund der Ähnlichkeit zwischen der Amyloidsubstanz und den leichten Immunglobulinketten
- Autoimmunkrankheiten: Lupus, rheumatoide Arthritis
- Virale Infektionen: CMV, EBV, HIV
- Parasitäre und bakterielle Infektionen: kurzzeitig vorhandene monoklonale Gammopathien
- Bestimmte Nephritiden
- Periphere Neuropathien: monoklonales IgM mit Myelin-Antiglykoprotein-Antikörper-Aktivität ist verantwortlich für demyelinisierende Neuropathie (Bestätigung durch den Immunfluoreszenztest in der neuromuskulären Biopsie)
- "POEMS" Syndrom: seltenes, neuentdecktes Syndrom. Der Name ist ein Akronym für Polyneuropathische Organomegalie, endokrine Störungen, M-Komponente und Veränderungen der Haut (skin). Patienten, die an "POEMS" leiden, sind meist jünger als Myelom-Patienten. Sie zeigen vor allem eine motorisch-sensitive periphere Neuropathie, die sich allmählich entwickelt. Die monoklonale IgG-oder IgA-Komponente, meist vom Lambda-Typ, ist in geringer Konzentration vorhanden
- Organtransplantierte Patienten unter Immunsuppressionstherapie.

Die Seren von Patienten mit Autoimmunkrankheiten, von seropositiven HIV-Patienten und von Transplantierten unter Behandlung mit Immunsuppresiva sowie von Patienten mit Virusinfektionen wie EBV, CMV oder HIV zeigen eventuell eine eingeschränkte Immunoglobulin-Heterogenität oder bei der Immunfixation die sogenannten "oligoklonalen" Muster. Der letzte Punkt wird im Kapitel 6 detailliert erklärt.

2.6. Monoklonale Gammopathien bei älteren Patienten
- können mit anderen altersbedingten immunologischen Veränderungen zusammenhängen.

3. Verlauf

Eine Einzeluntersuchung reicht nicht aus, um eine sichere Vorhersage für die Entwicklung zu malignen monokonalen Immunglobulinen zu treffen.

Abgesehen von den Paraproteinen, die bei Infektionskrankheiten (einige Wochen bis Monate lang) vorübergehend auftreten, ist das spontane Verschwinden monoklonalen Globulins ausgesprochen selten.

In der Mehrheit der Fälle bleibt die Paraproteinkonzentration stabil, ohne daß damit eine Symptomatik assoziiert ist. In etwa 10% der Fälle kann ein Übergang in eine maligne Gammopathie selbst nach vielen Jahren der Überwachung noch auftreten.

Die Langzeitprognose für den Übergang in eine monoklonale Gammopathie ist schwierig, jedoch ist bei jüngeren Patienten die Gefahr höher, daß sich ein immunoproliferatives Syndrom entwickelt. Es ist wichtig, den Patienten nicht in Unruhe zu versetzen, weil keine Präventivtherapie erforderlich ist, sondern nur regelmäßige Überwachung durch Klinik und Labor.

4. Medizinische Überwachung

Abgesehen von speziellen Untersuchungen ist die Verlaufsbeobachtung einer MG das einzige Kriterium dafür, ob sie maligne oder gutartig ist.

Die Verlaufskontrolle von Parametern, die auf eine maligne Entwicklung hinweisen können, ist unverzichtbar:
- Ansteigende Blutsenkungsgeschwindigkeit
- Zunahme der Konzentration des Paraproteins
- Abnahme der verbleibenden Immunglobuline
- Bence-Jones-Protein im Urin

Eine Routineelektrophorese muß durchgeführt werden:

- nach 3 Monaten
- nach 6 Monaten
- nach 1 Jahr
- einmal jährlich

Die Analysen sollen eine Kontrolle der hämatologischen Parameter enthalten und durch eine klinische Untersuchung ergänzt werden, wenn nötig, ist auch eine radiologische Untersuchung durchzuführen.

Wenn die monoklonale Gammopathie stabil bleibt und keine anderen klinischen Anomalitäten auftreten, ist eine Chemotherapie nicht gerechtfertigt.

Kapitel 6

OLIGOKLONALE IMMUN-TRENNMUSTER

Wie wir im vorigen Kapitel dargestellt haben, ist es durch Fortschritte bei der Agarose-Elektrophorese und durch die Entwicklung der Immunfixationstechnik möglich, viele monoklonale Gammopathien frühzeitig zu identifizieren und in Langzeituntersuchungen weiterzuverfolgen. Dazu gehören auch nicht maligne Moleküle und solche, die nur in geringer Konzentration im Serum vorliegen und unter bestimmten Bedingungen zu einer Erkrankung führen. Da der Nachweis gerade bei frühen Krankheitsstadien nicht einfach ist, waren Celluloseacetat- und Immunelektrophorese aufgrund fehlender Empfindlichkeit ungeeignet. Dasselbe gilt für Seren von Patienten, deren Immunglobulin-Muster eine eingeschränkte Heterogenität zeigt, die nur durch neuentwickelte empfindliche und leicht interpretierbare Untersuchungstechniken der Routineanalytik zugänglich sind.

I. BEGRIFFSDEFINITION DER EINGESCHRÄNKTEN IMMUNGLOBULIN-HETEROGENITÄT

Physiologische Serum-Immunglobuline werden durch Plasmazellen von B-Zell-Klonen als Antwort auf verschiedene Antigenstimulationen ausgeschieden. Ein wichtiges Merkmal ist ihre Heterogenität. Diese polyklonale Synthese wird durch das diffuse Muster in der Gammaglobulinzone von Elektrophorese und Immunfixation widergespiegelt.

Unter gewissen pathologischen Bedingungen kann ein Defekt in der Regulation oder Kontrolle der Immabwehrmechanismen zu einer Dysfunktion der B-Zellen führen, deren Resultat eine eingeschränkte Heterogenität der synthetisierten Immunglobuline ist. Dadurch ergibt sich ein anderes Profil in der Agarose-Elektrophorese und Immunfixation :

- Monoklonale Anomalien (Synthese durch nur einen Zellklon) sind durch eine einzelne Bande in der Elektrophorese gekennzeichnet, die aufgrund der Charakterisierung von schwerer und leichter Kette zu einem monoklonalen Immunglobulin eines gegebenen Isotyps gehört.
- Bei oligoklonalen (mehr als zwei) Mehrfachbanden können nur eine oder auch mehrere Immunglobulin-Klassen beteiligt sein (nur einige B-Klone sind dysfunktionell).

Der erste Typ kann auch mit weniger empfindlichen Methoden nachgewiesen werden, wie Celluloseacetat- oder Immunelektrophorese, jedoch nur die empfindlichsten Techniken auf Agarose ermöglichen es, den oligoklonalen Aspekt mehrerer eng zusammenliegender Banden unterschiedlicher Intensität zu erkennen. Diese oligoklonalen Muster, die in der γ-Zone auftreten, gehören in absteigender Häufigkeit den drei vorherrschenden Immunglobulin-Klassen IgG, IgM und IgA an. In den Abb. 56 und 57 sind zwei Beispiele für oligoklonale Muster dargestellt, bei denen jeweils verschiedene Immunglobulin-Typen involviert sind.

Oligoklonales Muster

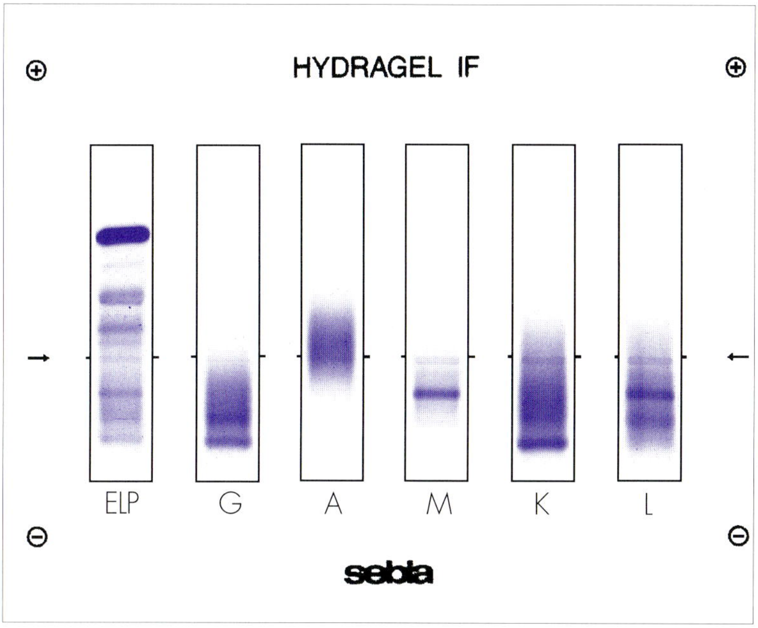

Oligoklonales Muster von:
- IgG: 1 IgG Lambda und 1 + IgG Kappa
- IgM: 1 IgM Lambda

Abb. 56

Oligoklonales Muster

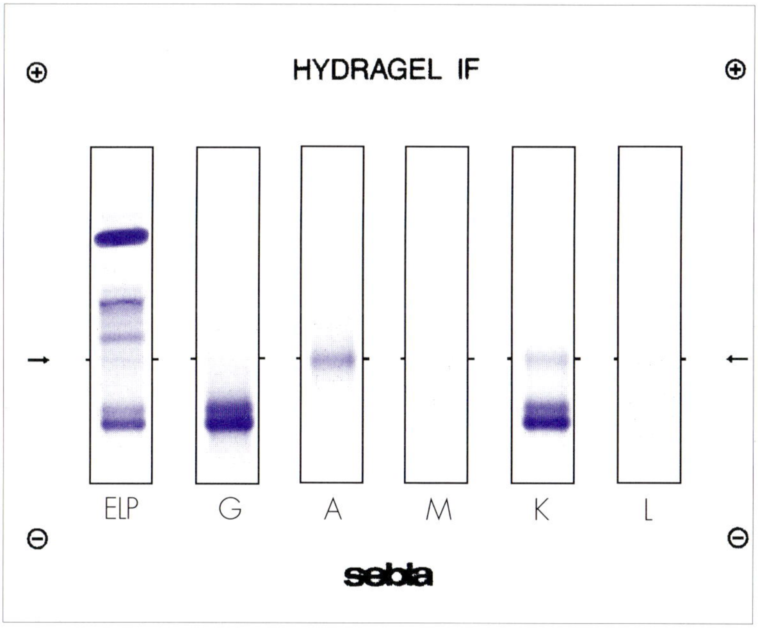

Oligoklonales Muster von:
- IgG: 2 IgG Kappa + 1 IgA Kappa

Abb. 57

Oligoklonale Muster müssen von Mehrfachbanden-Mustern unterschieden werden, die man vorfinden kann, wenn ein monoklonales Immunglobulin im Serum in mehreren polymerisierten Formen vorliegt, wie das vor allem bei IgM und IgA der Fall ist, oder wenn das Immunglobulin mit freien leichten Ketten assoziiert ist, die im Überschuß produziert, aber aufgrund renaler Insuffizienz nicht im Urin ausgeschieden werden. Durch die reduzierende Behandlung mit Mercaptoethanol vor der Trennung läßt sich jedoch ein oligoklonales Immunmuster belegen: nach Mercaptoethanolbehandlung muß die Anzahl und die Mengenverteilung der Banden unverändert sein (Abb. 58), und die Reaktion mit einem Anti-Leichtketten-Antiserum muß immer zu einem negativen Ergebnis führen.

Oligoklonale IgM-Muster

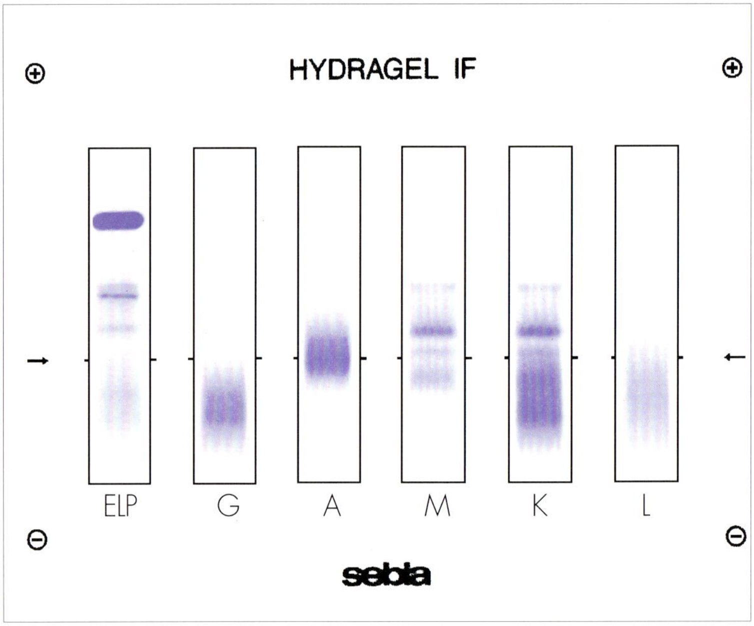

Trotz Vorbehandlung mit Mercaptoethanol sind vier verschiedene IgM Kappa-Banden nachzuweisen. Daher ist sichergestellt, daß es sich nicht um verschiedene IgM-Polymerisationsstufen desselben IgM Kappa handelt.

Abb. 58

Serum-Agarose-Elektrophorese und -Immunfixation, letztere mit spezifischen monovalenten Antiseren, ermöglichen die einfache Überprüfung, ob ein Immunglobulin poly-, oligo- oder monoklonaler Natur ist. Derartige immunologische Techniken sind empfindlich und trotzdem einfach im Routinelabor durchzuführen.

Sie dienen dem besseren Verständnis der Immunglobulin-Heterogenität, und die Untersuchung dieser Muster führt häufig zu der Früherkennung von unerwarteten Veränderungen, wie sie mitunter bei gut charakterisierten Erkrankungen auftreten, die mit einer eingeschränkten Heterogenität verknüpft sind.

II. PATHOLOGISCHE ZUSTÄNDE, BEI DENEN DURCH IMMUNFIXATION EIN OLIGOKLONALES MUSTER NACHGEWIESEN WERDEN KANN

1. Im Serum

Oligoklonale Immun-Muster werden hauptsächlich bei Patienten mit schwerer Immundefizienz beobachtet. Die Immunsuppression kann folgende Ursachen haben:

- kongenital: bei Kindern mit kombinierter Immundefizienz (selten)
- therapeutisch: bei Organ- oder Knochenmarktransplantationen
- viral: bei AIDS in direktem Zusammenhang mit einer HIV-Infektion.

Der Nachweis im Labor und die Kontrolle des oligoklonalen Musters sind bei den oben angeführten Krankheiten wichtige Maßnahmen zur Früherkennung von lymphoproliferativen Syndromen, vor allem für Non-Hodgkin-Lymphome, die häufig durch medikamentöse oder virale Immunsuppression entstehen; das Epstein-Barr-Virus (EBV) ist bei diesen Patienten häufig direkt mit einer verstärkten Lymphoproliferation assoziiert, was mitunter zu einem schwerwiegenden Verlauf führt.

Oligoklonale Banden treten auch im Serum von Patienten auf, die entweder an bestimmten Krebstypen oder an Autoimmunkrankheiten leiden, bei denen mitunter immunsuppressive Medikamente verordnet werden.

Durch hochauflösende (Agarose-) Elektrophoresetechniken können Mehrfachbanden sogar bei einigen symptomfreien gesunden Patienten nachgewiesen werden, ohne daß (in Abwesenheit von Langzeituntersuchungen) irgendeine klinische Relevanz damit in Verbindung zu bringen wäre.

2. Im Liquor

Elektrophorese und Immunfixation des Liquors werden hier nicht näher besprochen. Dennoch ist die Feststellung wichtig, daß darin vorhandene oligoklonale Immunmuster eine besondere Bedeutung bei entzündlichen Erkrankungen des Nervensystems haben; dieser wichtige Befund ist ein besonders bedeutsamer Faktor, da er die intrathekale Immunglobulinsynthese anzeigt, die in fast allen Fällen von Multipler Sklerose vorhanden ist.

Die Liquorproteine müssen immer parallel mit einer Serumprobe desselben Tages untersucht werden, um besser zwischen lokaler und nichtlokaler Synthese zu differenzieren. Im letzteren Fall können bei immunsekretorischen lymphoproliferativen Syndromen Immunglobulin-Anomalitäten auch im Serum nachgewiesen werden, z.B. bei Myelomen.

III. OLIGOKLONALE MUSTER BEI TRANSPLANTATIONS PATIENTEN

Immunsuppressive Therapien wie mit Ciclosporin, Antilymphozytenserum (poly- oder monoklonale Antikörper), Azathioprin und Kortikosteroiden sind heute weitverbreitet. Sie werden bei Organtransplantationen (Niere, Herz, Leber, Pankreas, Lunge und Knochenmark) eingesetzt, um Abstoßungsreaktionen zu vermeiden oder einzuschränken, aber auch bei bestimmten Autoimmunkrankheiten.

Solche Therapien können zu mangelnder Immunabwehr führen und Änderungen in der T-Zell-abhängigen Regulation der B-Klon-generierten Plasmazellen induzieren. Das Resultat ist vor allem eine verminderte Aktivität der zytotoxischen Lymphozyten und der NK-Zellen, die bei der Eliminierung vor allem virusinfizierter Zellen eine wichtige Rolle spielen. Die Notwendigkeit einer nicht-spezifischen Immunsuppression birgt eine Infektionsgefahr, vor allem, wenn die Patienten über einen langen Zeitraum einer sehr hohe Dosierung ausgesetzt sind.

Die Serumanalyse bei Transplantierten (Agarosegel und Immunfixation) zeigt in vielen Fällen schon in den ersten Wochen nach der Transplantation Immunglobulin-Anomalitäten. Vor allem für IgG, seltener für IgM (Abb. 59 und Abb. 60) läßt sich eine monoklonale Bande oder ein oligoklonales Muster nachweisen. Damit ist aber so gut wie nie eine Symptomatik oder Zellproliferation assoziiert.

Oligoklonales Muster eines Transplantationspatienten

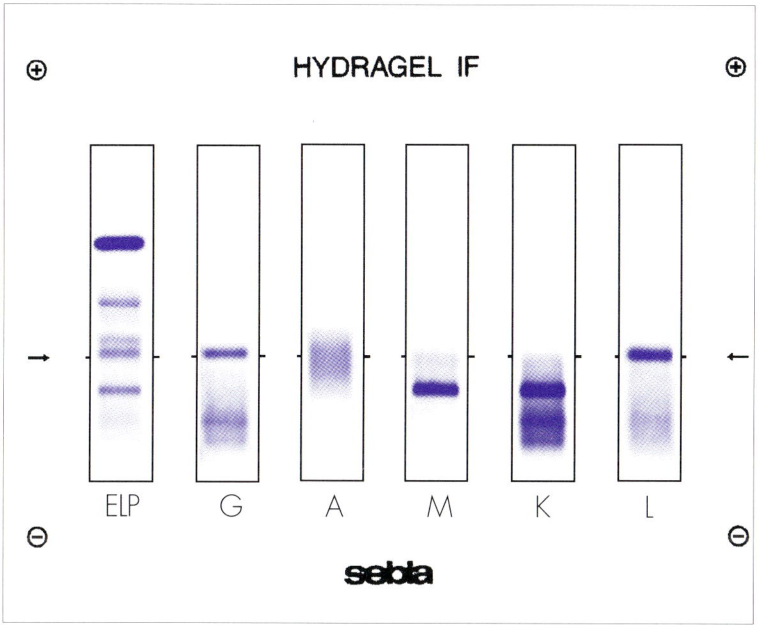

Oligoklonales Muster mit multiplen IgG- und IgM-Banden (Kappa und Lambda)

Abb. 59

Oligoklonales Muster eines Transplantationspatienten

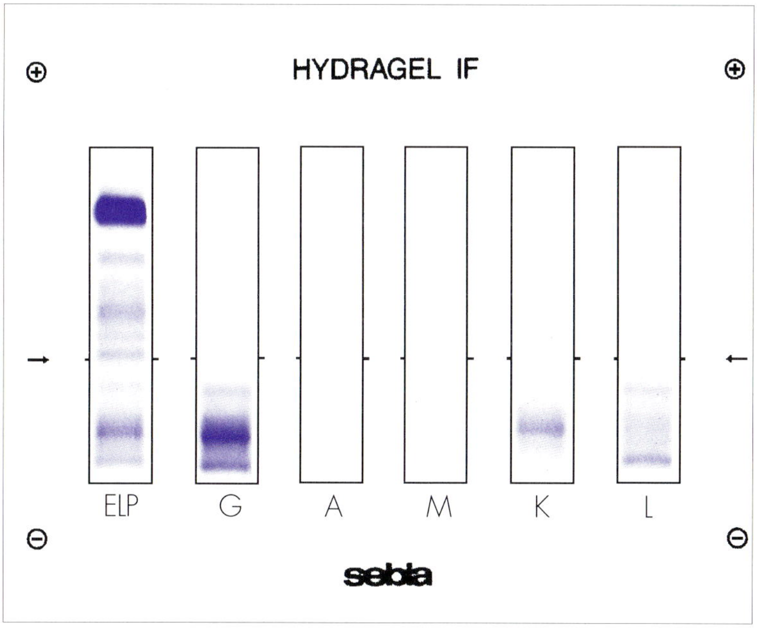

Oligoklonales Muster mit multiplen IgG-Banden (Kappa und Lambda)

Abb. 60

Bei diesen Patienten ist das Auftreten eines lymphoproliferativen Syndroms und besonders des malignen Lymphoms sehr häufig. Die lymphoproliferativen Syndrome scheinen durch Immunsuppression in Verbindung mit chronischer Antigen-Stimulation durch Virusinfektionen (z.B. CMV oder EBV) verursacht zu werden, wie es bei Lymphomen, die unter Immunsuppression auftreten, angenommen wird. Der Mechanismus, der bei diesen Patienten zum Auftreten der oligoklonalen Immunglobuline führt, ist noch weitgehend unbekannt; die vorübergehende Synthese spezifischer Antikörper gegen Viren oder eine limitierte Antikörper-Synthese aufgrund eines defekten Immunsystems mag hierbei eine Rolle spielen.

Die regelmäßige serologische Kontrolle von Transplantationspatienten mit Agarosegel-Elektrophorese und Immunfixation ist in der Praxis eine wertvolle Methode zur Entdeckung eines lymphoproliferativen Syndroms. Die anomale Immunglobulin-Verteilung tritt immer vor allen klinischen Anzeichen auf und scheint sogar vor dem Auftreten eines mono- oder oligoklonalen Proteins zu bestehen. Die Maßnahme besteht in diesem Fall in der Dosisverringerung des Immunsuppressivums oder der zusätzlichen Gabe eines antiviralen Medikaments (beispielsweise Aciclovir) oder von Antilymphozyten-Globulin. Bei Transplantierten können lymphoproliferative Syndrome unter rechtzeitiger Dosisverringerung des Immunsuppressivums reversibel sein.

IV. OLIGOKLONALE MUSTER UND AIDS

HIV befällt spezifisch die T4-Lymphozyten (CD4+), deren Aktivität bei der Regulierung der Immunabwehr sehr wichtig ist. Ihr graduelles Verschwinden ist für die anomale Regulation der B-Lymphozyten verantwortlich. Bei diesen Patienten können häufig zusätzliche opportunistische Vireninfektionen (CMV, EBV) und lymphoproliferative Syndrome beobachtet werden.

Die Hyper-γ-Globulinämie mit vorherrschendem IgG (vor allem IgG1 und IgG3) und IgA ist bei seropositiven Patienten häufig, mit einer gleichzeitigen polyklonalen Aktivierung von B-Zellen durch Virusinfektionen. In diesem Fall geht die Hyper-γ-Globulinämie oft der Einschränkung der Immunglobulin-Heterogenität voraus.

Bei der Immunfixation findet man ein oligoklonales Muster, in erster Linie bei IgG Kappa und/oder Lambda (Abb. 61). Die Häufigkeit des nachgewiesenen oligoklonalen Musters ist bei derartigen Patienten natürlich besonders wichtig, so daß empfindliche Nachweistechniken verwendet werden sollten. Neben Immunfixation sind vor allem Spezialtechniken wie Isoelektrische Fokussierung oder Immunoblots besonders effizient.

Oligoklonales Muster bei einem HIV-seropositiven Patienten

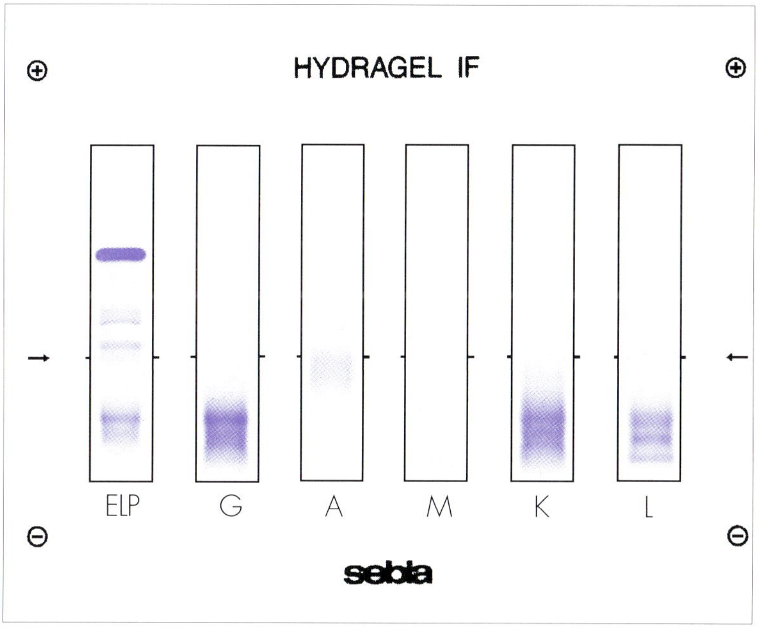

Hyper-γ-Globulinämie mit oligoklonalem Muster von IgG Kappa und IgG Lambda

Abb. 61

Oligoklonale Muster scheinen häufiger bei AIDS-Patienten mit gleichzeitigem Kaposi-Sarkom als bei solchen mit opportunistischen Infektionen aufzutreten.

In den späteren AIDS-Stadien (III und IV) ist gelegentlich ein klares monoklonales Bild zu sehen. Trotzdem scheint es noch zu früh zu sein, um einen Zusammenhang zwischen der Anwesenheit bzw. der Intensität von oligoklonalen Banden und dem Krankheitsstadium zu etablieren, denn einige Patienten im Endstadium zeigen im Immunfixations-Muster keinerlei eingeschränkte Heterogenität. Die Wahrscheinlichkeit für ein lymphoproliferatives Syndrom ist bei AIDS erhöht, ein oligoklonales Muster in der Elektrophorese und seine Bestätigung in der

Immunfixation können frühzeitig Hinweise auf maligne Non-Hodgkin-Lymphome geben, genauso wie bei Transplantierten wie auch bei Patienten, die mit Immunsuppressiva behandelt werden.

Aufgrund welcher Mechanismen oligoklonale Immunglobuline entstehen (die nicht in gesunden seronegativen Patienten nachgewiesen werden können), bleibt unklar. Die polyklonale Aktivierung der B-Zellen durch HIV und eine abweichende Immunregulation dieser Zellen während der Infektion könnten dabei eine Rolle spielen.

Wie auch bei Transplantations-Patienten unter immunsuppressiver Behandlung spielen virale Antigene mit Sicherheit eine Rolle beim Auftreten der multiplen Banden: einige Autoren haben Anti-HIV-Antikörper-Spezifität oligoklonaler Immunglobuline der Gruppe G nachweisen können, die nach Immunfixation isoliert wurden.

ALLGEMEINE SCHLUßFOLGERUNGEN

Die quantitativen und qualitativen Methoden der Serum- und Urin-Proteinanalyse haben in den letzten Jahren bedeutende Fortschritte gemacht; sie sind viel empfindlicher und einfacher in der Durchführung geworden.

Die derzeitigen Methoden werden häufig in Verbindung mit kommerziellen Kits angeboten, mit denen die Versuchsdurchführung im klinischen Labor einfacher wird, während die analytische Leistung dieser Kits mittlerweile an die von komplizierteren Methoden heranreicht, die bisher spezialisierten Labors vorbehalten war.

Noch vor wenigen Jahren war es schwierig oder fast unmöglich, qualitative Abweichungen im Immunglobulin-Muster, wie z.B. niedrigkonzentriertes monoklonales Immunglobulin, monoklonale Immunglobuline mit gleicher elektrophoretischer Mobilität oder oligoklonale Muster mit einer Technik nachzuweisen, die gleichzeitig einfach in der Durchführung, schnell und außerdem empfindlich ist. Heute können derartige Untersuchung in zwei Stunden durchgeführt werden. Bei der Immunglobulin-Analytik ist es wichtig, daß das gute Versuchsergebnis auch einer hochwertigen Interpretation bedarf. Daher muß der Klinische Chemiker stets gut mit dem Kliniker zusammenarbeiten.

Trotz zahlreicher Verbesserungen zugunsten besserer Standardisierung und besserer Leistung sind die Ergebnisse einer Routineelektrophorese oder Immunfixation nicht immer einfach zu interpretieren. Ziel dieses Buches ist es, durch die Kombination von Illustrationen und Interpretationsbeispielen die tägliche Praxis der Anwender zu erleichtern; auch komplizierte oder ungewöhnliche Muster wurden aufgenommen, so daß die hier dargestellten Verfahren Teil einer zuverlässigen und in sich schlüssigen Gesamtdiagnose werden können.

BIBLIOGRAPHIE

TEIL 1

Serumprotein-Elektrophorese in Agarose-Gelen.

1) BEN SALAH NABIHA, CHEIKHROUHOU ABDELWAHEB
Intérêt et limites de l'électrophorèse des protides au cours de la maladie de Kahler.
L'information du technicien biologiste, 1989, 2, p.55 à 59

2) D. LE CARRER
L'interprétation de l'électrophorèse des protéines.
L'Eurobiologiste, 1989 - Tome XXIII, n° 182, p.27 à 33

3) P.A. MARTINEZ, J.F. SCHVED, J.C. ERIS, B. AISABADANI, B. BRANGER ET A. LAGLAINE
Pièges de l'électrophorèse des protéines sériques.
Feuillets de Biologie, 1990, Vol. XXX, n° 176, p.59 à 61

4) G. PELTRE
Électrophorèse, les trois principes de base.
Technique et Biologie, 1990, 1, p.16 à 23

5) D. SICARD
Du bon usage de l'électrophorèse des protéines.
Le Concours Médical, 05.05.90, 1990, 112, 16, p.1513 à 1515

6) VAN DEN ABELLE
Électrophorèse des protéines sériques. Intérêt, limites, apport du profil protéique.
Larc Médical, 1986, n°7, Vol. VI, p. 348 à 351

7) B. VARET
Intérêt de certains examens biologiques.
Le Concours Médical, 05.11.88, 110, 37, p. 3373 à 3375

8) J.T. WICHER, C.E., SPENCE
Serum protein electrophoresis - an out moded test ?
Ann. Clin. Biochem., 1987, 24, p. 133 à 139

TEIL 2

Immunfixation von Serumproteinen.

A - IMMUNFIXATION IN DER DIAGNOSE
VON MONOKLONALEN GAMMOPATHIEN.

1) F.A. ABU-FARSAKH and H.A. ABU-FARSAKH
M-Component, overestimated by laser nephelometry in Waldenström's Macroglobulinemia.
Clin. Chem., Vol. 34, n° 2, 1988, p. 428 à 429

2) M. ALNO-NAKHAL, F. PEIN, J. GARDAIS, D. HUREZ
Gammapathies doubles. Fréquence et caractéristiques (83 cas). Corrélations cliniques (62 cas).
La Revue de Médecine interne, Tome IV, mars 1983, p. 83 à 93

3) M.R. BARBOUCH, S. MAKNI, KAYED, S. HADDAD, H. BEN-AYED
Les cryoglobulinémies. Signification clinique et biologique.
Semaine des Hôpitaux de Paris, 16.02.89, p. 329 à 332

4) R. BATAILLE, M. BOCCADORO, B. KLEIN, B. DURIE, A. PILERI
C-Reactive Protein and B2 Microglobulin produce a simple and powerful myeloma staging system.
Blood, Vol. 80, n°3, 1992, p. 733 à 737

5) R. BATAILLE, B. KLEIN, J.F. ROSSI
Immunologie du myélome.
Nouvelle Revue Française d'Hématologie, 1987, 29, p. 255 à 264

6) J.H. BEZIAN, A. BAQUEY, F. LABROUSSE
Mise en évidence d'immunoglobuline monoclonale : difficulté d'interprétation.
Feuillets de Biologie, 1987, Vol. XXVIII, n° 157, p. 23 à 26

7) Y. BOUCAUD-MAITRE, H. CLOPPET, M. RICHARD
Valeur de l'immunofixation pour le typage des protéines monoclonales sériques et urinaires.
Ann. Biol. Clin., 1990, 48, p. 173 à 175

8) C. BREMARD - OURY
Les déficits de l'immunité humorale.
Ann. Ped., 1989, 36, p. 357 à 364

9) J.C. BROUET
Les cryoglobulinémies.
La Presse Médicale, 1983, 12, p. 2991 à 2996

10) J.C. BROUET
Orientation diagnostiquée en cas d'anomalie des immunoglobulines plasmatiques (IgE exclues) .
La Revue du Praticien, n°9, 21/03/91, p. 782 à 785

11) J.C. BROUET, K. DELIAG, J.P. CLAUVEL
Rôle des immunoglobulines monoclonales dans la genèse des neuropathies périphériques.
La Presse Médicale, 14-21 juillet 1984, 13, n°29, p. 1763 à 1765

12) N. CHOPIN
Explorations biologiques des gammapathies monoclonales : nouvelles indications cliniques.
Journées de Biologie clinique de l'Hôpital Necker, 35e année, 1993, OPTION BIO n°90, p. 36 à 42

13) FRAM R. DALAL, SEYMOUR WINSTEN
Double light chain disease : a case report
Clin. Chem., Vol., 25/1, 1979, p. 190 à 192

14) FINCO, R. SCHIAVON
Multiple myeloma with IgG Kappa and Bence Jones Lambda Biclonal gammapathy.
Clin. Chem., Vol.33, n°7, 1987, p.1305

15) J.M. FINE, P. LAMBIN, J.Y. MULLER
The evolution of Asymptomatic monoclonal gammapathies.
Acta. Med. Scand., 205, 1979, p. 339 à 341

16) B. FISCHER
Les déficits immunitaires primitifs des lymphocytes B.
La Revue du Praticien, n°9, mars 1991, p. 790 à 794

17) D.S.J. GALE, J.M. B. VERSEY and J.R. HOBBS (1974)
Rochet immunoselection for detection of heavy-chain disease.
Clinical Chemistry 20. 1292-1294

18) J.P. GARNIER, D. LAURENT, J.P. CLAUVEL, F. DANON, B. BOUSQUET, C. DREUX
Dosage des protéines sériques: cause d'erreur en cas d'immunoglobuline monoclonale.
Act. Pharm. Biol. Clin., 1987, 4, p. 275 à 278

19) J.E. C. GUINAN, D.F. KENNY, P.A. GATENBY
Detection and typing of paraproteins : comparison of different methods in a routine diagnostic laboratory.
Pathology, 1989, 21, p. 35 à 41

20) D. HUREZ, P. YOUINOU, J. GOMBERT, J.L. PREUD'HOMME
Survey of monoclonal gammapathy in Western France : incidence and unexpected high frequency of IgM.
Immunology, 1985, 56, p. 557 à 560

21) C. JEHL-CHARUEL
Apport de l'immunofixation au diagnostic des immunoglobulines monoclonales. Utilisation des trousses commercialisées.
Revue Francaise des laboratoires, Mars 90, n°203, p. 59 à 64

22) C. KIRK OSTERLAND
Monoclonal gammapathies. Their identification and biological significance.
Clinica Chemica Acta, 180, 1989, p. 1 à 22

23) A. KYLE, A. LUST
Monoclonal gammapathy of undetermined significance.
Seminary in Hematology, Vol. 26, n°3, 1989, p. 176 à 200

24) J. LAMY
Structures et propriétés des immunoglobulines.
Le Moniteur Internat, n°5, 1988, p. 35 à 50

25) D. LE CARRER
Gammapathies monoclonales : mise au point sur leur exploration biochimique en 1991 - 1re partie : Les techniques du diagnostic protéinologique, principes et limites.
L'Eurobiologiste, 1991, Tome XXV, n°194, p. 203 à 212

26) D. LE CARRER
Gammapathies monoclonales : mise au point sur leur exploration biochimique en 1991 - 2e partie : Diagnostic protéinologique du myélome, de la maladie de Waldenström et des autres gammapathies monoclonales.
L'Eurobiologiste, 1991, Tome XXV, n°195, p. 283 à 285

27) D. LE CARRER
L'analyse des protéinuries au Laboratoire de biologie en 1992.
Revue Française des Laboratoires, 1992, n°245, p.41 à 47

28) D. LE CARRER
Intérêt du profil protéique, cible immunitaire en biologie clinique.
Revue Française des Laboratoires, 1993, publication en cours.

29) Y. LEMAIRE, O. ROY
Les immunoglobulinopathies monoclonales.
Le Moniteur Internat, n°7, Juillet 1988, p. 83 à 96

30) F. LESSARD, P. BANON, R. LEPAGE, J.G. JOLY
Light chain disease and massive proteinuria.
Clin. Chem., 31/3, 1985, p. 475 à 477

31) V. MALAGRIDA, D. DE FRANCESCO, G. BANFI, F.A. PORTA, P.G. RICHES
Laboratory Investigation of monoclonal gammapathy during 10 years of screening in a general hospital.`
J. Clin. Pathol., 1987, 40, p. 793 à 797

32) M. MERLIN, A.HELVIG
Stratégie d'étude des gammapathies monoclonales au Laboratoire de biologie clinique en 1991.
L'Eurobiologiste, 1992, Tome XXVI, n°198, p. 89 à 105

33) G. D. MIRALLES, J.R. O'FALLON, N.J. TALLEY
Plasma-cell dyscrasia with polyneuropathy - the spectrum of POEMS Syndrome
N. Engl. J. Med., 1992, Vol. 327, n°27, p. 1919 à 1923

34) I. MYARA
Rôle actuel du laboratoire dans la mise en évidence et le suivi d'une immunoglobulinopathie monoclonale.
Path. Biol., 1990, 38, n° 2, p. 134 à 143

35) M.L. NORTH
Détection et caractérisation d'une immunoglobuline monoclonale.
Revue Française des Laboratoires, Mars 1990, n°203, p. 54 à 58

36) A. PEZZOLI, E. PASCALI
Bence Jones proteinuria in multiple sclerosis.
Clin. Chem., Vol. 33, n°10, 1987, p. 1923 à 1925

37) J.L. PREUD'HOMME
Exploration des immunoglobulines et des anticorps sériques.
La Revue du Praticien, 1991, 41, 9, p. 777 à 781

38) J.C. RAMBAUD, R. JIAN, A. GALIAN, M. SELIGMANN
Maladie des chaînes alpha.
La Presse Médicale, vol. 14, n°29, 1985, p. 1551 à 1556

39) D. RAICHVARG
Immunoglobulines. Structure et activités biologiques.
Lyon Pharmaceutique, 1978, 29, 5, p. 365 à 372

40) J.P. REVILLARD, G. COZON
Déficits secondaires de l'immunité humorale.
La Revue du Praticien, 1991, 41, 9, p. 795 à 798

41) O. ROY, T. AZAIS
Signification d'une immunoglobuline monoclonale.
Rubrique de L'Interne, OPTION BIO, Février 1989, n°3, p. 5 à 7

42) J.J. SOTTO, A. RUEFF, J.C. BENSA, M.F. SOTTO, P. GROSLAMBERT, M. FABRE, D. HOLLARD
Lymphomes malins non hodgkiniens associés à une immunoglobuline monoclonale sérique.
La Presse Médicale, 22 mars 1986, 15, n°12, p. 569 à 573

43) E. TAIBI, I. MYARA
Étude d'une cryoglobulinémie.
L'Eurobiologiste, 1990, Tome XXIV, n°188, p. 295 à 299

B - INTERPRETATION DER IMMUNFIXATION
OLIGOKLONALER IMMUN-MUSTER.

1) J.F. BACH
Les infections dues aux immunosuppresseurs.
La lettre de l'infectiologue, Tome IV, n°8, mai 1989, p. 275 à 276

2) J.C. BOUVET
Les gammapathies d'allure oligoclonale à l'électrophorèse. Fréquence, nature immunochimique et association à une éthiologie néoplasique.
La Presse Médicale, 12 nov. 1983, 12, n°40, p. 2511 à 2514

3) ROBERTSON, D. DAVENPORT, D. F. KEREN
Oligoclonal bands in cerebrospinal fluids : significance of corresponding bands in serum for diagnosis of multiple sclerosis.
Clin. Chem., Vol. 34, n°4, 1988, p. 764 à 765

4) C.A. FILOMENA
Oligoclonal banding detected by urinary patient electrophoresis and immunofixation in 2 patients with the acquired immune deficiency syndrome and proteinuria.
Clin. Chem., 1989, 35, p. 1795 à 1798

5) J.L. GARNIER, J.L. TOURAINE
Syndromes lymphoprolifératifs associés au virus d'Epstein Barr en transplantation.
La Presse Médicale, 2 déc. 1992, 21, n°41, p. 1994 à 1996

6) D. GLOTZ
L'immunologie du rejet.
Le Concours Médical, 06.06.92, 114, 20, p. 1791 à 1796

7) H. H. HARRISON
The "ladder light chains" or "pseudo-oligoclonal" pattern in urinary immunofixation Electrophoresis (IFE) studies : a distinctive IFE pattern and an explanatory hypothesis relating it, to free plolyclonal light chains.
Clin. Chem., 37/9, 1991, p. 1559 à 1564

8) S.N. KAHN
Urinary oligoclonal bands in AIDS (Letter)
Clin. Chem., 1990, 36, p. 174 à 175

9) J.J. LEFRERE, J.M. FINE, P. LAMBIN, J.Y. MULLER, A.M. COUROUCE, C. SALMON
Monoclonal gammapathies in asymptomatic HIV seropositive patients.
Clin. Chem., Vol. 33, n°9, 1987, p. 1697 à 1698

10) E.M. MALNAMARA, F. AGUZZI, C. PETRINI
Restricted electrophoretic heterogeneity of immunoglobulin light chains in urine. A cause for confusion with Bence Jones Protein
Clin. Chem., 1991, 37, p. 1570 à 1574

11) G. MADIEDO, G. D. CHERAYIL
Oligoclonal bands in serum of patients with multiple sclerosis.
Clin. Chem., vol. 34, n°10, 1988, p. 2184

12) J.MONK, J. CALVIN, C.P. PRICE, T.E. WREGHITT
Oligoclonal banding in serum from Heart-transplant recipients.
Clin. Chem., 35/3, 1989, p. 431 à 434

13) H.M. MOUTSOPOULOS, R. CASTELLO, A. PROSOS, A.K. MAURIDIS, N.M. PAPADOPOULOS
Demonstration and identification of monoclonal protein in the urine of Sjögren's syndrome patients.
Ann. Rheum. Dij., 44, 1985, p.109 à 112

14) I. MYARA, G. QUENUM, M. STOROGENKO, D. TENENHAUS, R. GUILLEMAIN, N. MOATTI
Monoclonal and oligoclonal gammapathies in Heart-transplant recipients.
Clin. Chem., 37/8, 1991, p. 1334 à 1337

15) G.A. PANGALIS, H.M. MOUTSOPOULOS, N.M. PAPADOPOULOS, R. COSTELLO
Monoclonal and oligoclonal immunoglobulins in the serum of patients with B chronic lymphocytic leukemia.
Acta Haemat 80, 1988, p. 23 à 27

16) N. PAPADOPOULOS and R. CASTELLO
Oligoclonal immunoglobulins in the sera of healthy subjects at risk for AIDS
Clin. Biochem., Vol. 20, 1987, p. 257 à 258

17) N. PAPADOPOULOS, R.J. ELIN, D.M. WILSON
Incidence of immunoglobulin Banding in a healthy population by High Resolution Electrophoresis.
Clin. Chem., Vol. 28, n°4, 1982, p. 707 à 708

18) N. PAPADOPOULOS, H. CLIFFORD LANE, R. CASTELLO, H.M. MOUTSOPOULOS, H. MASUR, E.P. GELMANN, A.S. FAUCI
Oligoclonal immunoglobulins in patients with the acquired immunodeficiency syndrome.
Clinical Immunology and Immunopathology 35, 1985, p. 43 à 46

19) C.A. POLLOCK, J.F. MAHONY, L.S. IBELS, R.J. CATTERSON, D.A. WAUGH, J.V. WELLS, A.G. ROSS, S. HEIL
Immunoglobulin abnormalities in renal transplant recipients.
Transplantation, Vol. 47, n°6, 1989, p. 952 à 956

20) M. RAPHAEL
Virus d'Epstein-Barr et lymphomes.
Revue Française des laboratoires, n°250, 1993, p. 35 à 38

21) D. REA, J.E. NICOLAS
Virus d'Epstein-Barr et lymphomes.
Revue Française des laboratoires, n°250, 1993, p. 29 à 34

22) J.P. REVILLARD
Les déficits immunitaires iatrogènes.
L'Eurobiologiste, 181, 1989, p. 55 à 62

23) M. SEGONDY
Cytomégalovirus et immunodépression.
Revue Française des laboratoires, n°250, 1993, p. 19 à 24

24) D. SINCLAIR, E. GALLOWAY, S. MAC KENZIE, E.A.C. FOLLET, L. WALLACE
Oligoclonal immunoglobulins in HIV infection.
Clin. Chem., Vol. 35, n°8, 1989, p. 1669 à 1671

25) C.K. STANKO, J.R. JEFFERY, D.N. RUSH
Monoclonal and multiclonal gammapathies after renal transplantation.
Transplantation Proceedings, Vol. 21, n°2, 1989, p. 3330 à 3332

26) T.E. STARZI, K.A. PORTER, S. IWATSUKI, J.T. ROSENTHAL, B.W. SHAW Jr, R.W. ATCHISON, M.A. NALESNIK, M. HO, B.P. GRIFFITH, T.R. HAKALA, R.L. HARDESTY, R. JAFFE
Reversibility of lymphoma and lymphoproliferative lesions developing under cyclosporin-steroid therapy.
The Lancet, 17 mars 1984, p. 583 à 587

27) D.B. TAICHMAN, K. BAYER, M. SENIOR, D.B.P. GOODMAN, L.J. KRICA
Oligoclonal immunoglobulins in HIV, Antibody, Positive Serum.
Clin. Chem., Vol. 34, n°11, 1988, p. 2377

Production
Lec.
Livres, édition, communication
Phone.: 33 (1) 48 04 09 74 / Fax : (1) 42 71 05 80

Tipeset by Agence Noriapresse

Publisher number : 2 - 84123
Printed 2e half-year 1994
Printed in EC